U0274071

# jQuery 前端开发实战

# （jQuery + AJAX + jQuery Mobile）

## ——全案例微课版

主　编　潘　丹　虞　芬

副主编　曾　艳　袁平梅　尹佳欣　王　嘉

参　编　代　飞　姜　杨

 北京理工大学出版社

BEIJING INSTITUTE OF TECHNOLOGY PRESS

## 内 容 简 介

本书分为技能基础篇、技能进阶篇和技能拓展篇，共 9 个项目。主要内容包括 jQuery 页面交互初体验、使用选择器制作菜单特效、jQuery 的 DOM 操作、常见事件开发、jQuery 开发页面动画、常见运动特效开发、插件的使用、AJAX 动态网页开发和 jQuery Mobile 框架移动开发等。

本书面向广泛读者群体。对于刚接触前端开发的人来说，这本书是一个很好的入门工具。它以全案例的形式呈现内容，能够让初学者直观地理解 jQuery 的基本概念和用法；对于已经熟悉 HTML 和 CSS，并且对 JavaScript 有一定了解的开发人员，这本书可以帮助他们深入学习 jQuery 相关技术；对于高校计算机相关专业师生，这本书可以作为教材或教学参考资料，学生通过课后阅读和实践书中的案例，加深对课堂知识的理解和掌握；对于想涉足移动前端领域的人员，也能由此开启学习征程。

**版权专有　侵权必究**

**图书在版编目（CIP）数据**

jQuery 前端开发实战：jQuery + AJAX + jQuery Mobile：全案例微课版 / 潘丹，虞芬主编 . -- 北京：北京理工大学出版社，2025.1.

ISBN 978 - 7 - 5763 - 4829 - 3

Ⅰ. TP312.8

中国国家版本馆 CIP 数据核字第 20256ZR440 号

---

责任编辑：王玲玲　　　　文案编辑：王玲玲
责任校对：刘亚男　　　　责任印制：施胜娟

---

**出版发行** / 北京理工大学出版社有限责任公司

**社　　址** / 北京市丰台区四合庄路 6 号

**邮　　编** / 100070

**电　　话** / （010）68914026（教材售后服务热线）

　　　　　　（010）63726648（课件资源服务热线）

**网　　址** / http://www.bitpress.com.cn

---

**版 印 次** / 2025 年 1 月第 1 版第 1 次印刷

**印　　刷** / 三河市天利华印刷装订有限公司

**开　　本** / 787 mm×1092 mm　1/16

**印　　张** / 19.5

**字　　数** / 452 千字

**定　　价** / 75.00 元

**图书出现印装质量问题**，请拨打售后服务热线，负责调换

# 前言

在党的二十大报告中，习近平总书记这样强调："教育、科技、人才是全面建设社会主义现代化国家的基础性、战略性支撑。必须坚持科技是第一生产力、人才是第一资源、创新是第一动力，深入实施科教兴国战略、人才强国战略、创新驱动发展战略，开辟发展新领域新赛道，不断塑造发展新动能新优势。"为推动习近平新时代中国特色社会主义思想进教材、进课堂、进头脑，本书进行了素养目标强化、产教融合深化、工作情境创设以及沉浸式学习体验拓展。

## 写作背景

Web 前端开发专业的课程本身技术性和实用性都很强，并且与行业融合要求高，教材的更新迭代快，需及时更新专业的新知识、新技术。本书基于 Web 前端开发工程师岗位典型工作任务，围绕 Web 前端开发"1 + X"职业等级的初、中、高级标准规范，采取"项目导向、任务驱动"模块化、活页式的设计理念，由校企双元协同共同编写教材。

## 内容介绍

本书分为 jQuery 开发页面交互技能基础篇（1 + X 初级）、AJAX 动态网页开发技能进阶篇（1 + X 中级）、jQuery Mobile 前端框架技能拓展篇（1 + X 高级），共 9 个项目。

技能基础篇（项目 1 ~ 6）：能使用 jQuery 开发交互效果页面，主要掌握 jQuery 选择器、jQuery 的 DOM 操作、jQuery 事件、jQuery 动画等功能开发页面交互效果。其中，项目 6 是项目 1 ~ 5 学习内容的实战篇，提升读者的运用技能，提高解决实际问题的能力。

技能进阶篇（项目 7、8）：能自定义 jQuery 插件、会使用 ECharts 插件制作可视化图表、能使用 AJAX 创建动态网页，主要掌握 ECharts 插件的使用方法、jQuery 的 AJAX 前后端数据交互技术，以及使用 AJAX 技术实现异步刷新、异步获取数据的方法。

技能拓展篇（项目 9）：能使用 jQuery Mobile 创建移动端动态网页开发，主要掌握 jQuery Mobile 创建移动 Web 应用的方法，并掌握应用中出现问题的解决方法。

## 本书特色

### 1. 落实立德树人根本任务

本书积极响应《习近平新时代中国特色社会主义思想进课程教材指南》的文件要求，

深入贯彻党的二十大精神。紧密围绕 Web 前端开发工程师的岗位需求，深度对接实际工作流程，系统梳理并归纳了"岗位要求、证书标准、竞赛考纲、四新技术"等关键技能要点与德育元素。在编写过程中，通过任务目标设定、项目载体内容编排、思政情景案例等方式使德技双元在教材中全面、有机融合，激发学生的家国情怀和社会责任感，增强民族文化自信，培养学生服务于社会的责任感、精益求精和追求卓越的专业精神以及良好的团队协作职业素养，有效落实立德树人根本任务。

**2. 产教融合教育理念**

以习近平新时代中国特色社会主义思想为指导，贯彻落实党的二十大精神，推进产教融合，优化职业教育类型定位，教材在内容选取和实践模式做了创新。融入行业新知识、新标准和新技术，对接 Web 前端开发工程师岗位真实工作过程，遴选企业真实项目，与东软合作开展教材选题、开发职业能力清单、遴选项目载体。基于产教融合教育理念，以学生发展为中心、社会为导向，以"任务 + 实践、实践 + 创新、创新 + 实习"的递进式三结合实践模式共同设计开发项目实战案例和能力评估表，注重培养学生综合实践能力。

**3. 创设工作情境**

以职业能力为主，基础理论知识为辅的基本单元，能够将基础理论知识和技术实践知识有机融合。根据岗位典型工作任务，创设学习情境，确定项目模块学习内容，模块化开发教材，以"项目—任务—实战"组织体例。每个项目设计若干个学习任务，项目相对独立，教师可以根据教学的需要灵活地跨科组合和选取，也可以个性化拓展学习内容，使教材更具有灵活性和共享性。

**4. 沉浸式学习体验**

本书配套建设的微课视频和课件、项目实操视频、交互动画、训练题库等多种类型的资源部署在智慧职教 MOOC 平台（网址：https://mooc.icve.com.cn/cms/courseDetails/index.htm? classId = 1c649d59686042fcbecedb01e67903f7），通过微课视频、附件作业、主题讨论、消消乐等小游戏开发拓展任务，构建学习空间，通过线上答疑、讨论互动、案例实操示范提供平台，增强学生沉浸式学习体验。

教材编写团队深入学习党的二十大精神，贯彻落实习近平总书记的重要指示要求，始终牢记为党育人、为国育才的初心使命，坚持守正创新，全面推进党的二十大精神进教材，在潜移默化中实现培根铸魂、启智润心。教材编写团队由多年从事 Web 前端教学的一线教师和企业一线的资深工程师共同组成。其中，东软教育科技集团有限公司的王嘉高级实践工程师主要负责教学实战项目的设计与编写；江西职业技术大学的潘丹、虞芬担任主编，曾艳、袁平梅、尹佳欣、王嘉担任副主编，代飞、姜杨参与编写。

由于编者的水平有限，书中疏漏之处难免，恳请学校师生和广大的读者提出宝贵意见，以便在下一个版本中修订改进，万分感谢！

# 目 录

技能基础篇

技能进阶篇

## 技能拓展篇

技能基础篇

# 项目 1
# jQuery 页面交互初体验

课程介绍

在《Web 前端开发职业技能标准》中，初识 jQuery 学习内容是构建使用 jQuery 开发交互效果页面的基础能力，Web 前端开发初学者应当熟练掌握。

**知识目标**

1. 掌握 jQuery 的下载和引入方法。
2. 掌握 jQuery 中页面加载的方法。
3. 掌握 jQuery 对批量数据的处理方法。

**技能目标**

1. 能熟练进行 jQuery 的下载与引入。
2. 熟悉使用 jQuery 选择器。
3. 了解 jQuery 批量控制元素的能力。

**素质目标**

1. 推崇精益求精的工匠精神。
2. 坚定科技强国的信念。

**1 + X 考核导航**

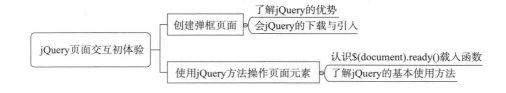

**项目描述**

在实际开发中，为了实现具有人性化的网页交互式功能，开发者通常需要编写大量 JavaScript 代码来操作 DOM，并处理浏览器的兼容性问题，而 jQuery 的出现完美解决了这些问题。本项目使读者了解 jQuery 的优势、下载和引用 jQuery 方法以及感受 jQuery 的魅力。

## 任务 1.1　创建弹框页面

jQuery 是一个轻量级的 JavaScript 库，是继 Prototype 之后出现的非常优秀的 JavaScript 库，它的设计宗旨是"write less，do more"，即倡导写更少的代码，做更多的事情。jQuery 图标如图 1-1 所示。

图 1-1　jQuery 图标

1.1　认识和引入 jQuery

### 知识链接

**1. 认识 jQuery**

jQuery 是通过封装原生的 JavaScript 函数得到一整套定义好的方法。它是 John Resig 于 2006 年创建的一个开源项目，经历了 10 多年的发展，如今该框架底层代码经过不断优化，变得非常简洁、高效，成为全球最受欢迎的 JavaScript 代码框架。现在的 jQuery 团队主要包括核心库、UI、插件和 jQuery Mobile 等开发人员，以及推广和网站设计、维护人员。

**2. jQuery 的优势**

jQuery 强调的理念是"写的少，做得多"。jQuery 独特的选择器、链式操作、事件处理机制和封装完善的 AJAX 都是其他 JavaScript 库做不到的。概括起来，jQuery 具有以下几方面优势。

（1）轻量级。jQuery 非常轻巧，采用 UglifyJS 压缩后，大小保持在 30 KB 左右。

（2）强大的选择器。jQuery 允许开发者使用 CSS1 到 CSS3 几乎所有的选择器，以及 jQuery 独创的高级而复杂的选择器。由于 jQuery 支持选择器这一特性，因此，有一定 CSS 经验的开发人员可以很容易地切入 jQuery 学习中。

（3）出色的 DOM 操作封装。jQuery 封装了大量常用的 DOM 操作，使开发者在编写 DOM 操作相关程序时能够得心应手。jQuery 可以轻松地完成各种原本非常复杂的操作，使 JavaScript 新手也能写出高质量的程序。

（4）可靠的事件处理机制。它吸收了 JavaScript 专家 Dean Edwards 编写的事件处理函数的精华，使事件绑定和处理变得简单而高效。

（5）完善的 AJAX。jQuery 将所有的 AJAX 操作封装在 $.ajax() 函数中，使开发者处理 AJAX 时能够专心处理业务逻辑而无须关心浏览器的兼容性及 XMLHttpRequest 对象的创建和使用问题。

（6）链式操作方式。允许将多个操作连写在一起，无须重复获取对象，使代码更加优雅。

（7）丰富的插件支持。jQuery 的易扩展性，吸引了来自全球的开发者编写 jQuery 的扩展插件。目前已经有很多插件支持，还会不断有新的插件更新。

（8）完美的文档。无论是英文还是中文，jQuery 的文档都非常丰富。

（9）开源。jQuery 是一个开源的产品，任何人都可以自由地使用并提出改进意见。目前，网络上有大量开源的 JavaScript 框架，但 jQuery 是目前最流行的 JavaScript 框架，而且提供了大量的扩展。很多公司都在使用 jQuery，例如 Google、Microsoft、IBM、Netflix 等。

### 3. jQuery 的版本

从 2005 年 8 月开始，进入公共开发阶段，随之而来的新框架于 2006 年 1 月 14 日正式以 jQuery 的名称发布。通过近 20 年的发展，共经历 3 个版本的改动。

1. x：兼容 IE6、IE7、IE8 等较老的浏览器。这个版本已经停止了功能新增，官方只进行 bug 维护，最终版本为 1.12.4，发布于 2016 年 5 月 20 日。

2. x：不兼容 IE6、IE7、IE8 等较老的浏览器。这个版本也停止了功能新增，官方只进行 bug 维护，最终版本为 2.2.4，发布于 2016 年 5 月 20 日。

3. x：不兼容 IE6、IE7、IE8 等较老的浏览器，只支持最新的浏览器。这个版本是官方主要更新、维护的版本。

开发者可以根据项目的需求和目标浏览器的兼容性来选择合适的 jQuery 版本。如果需要兼容老旧浏览器，可以使用 1. x 版本；如果只支持较新的浏览器，可以考虑使用 3. x 版本，以获得最新的功能和性能改进。

### 4. jQuery 的下载与引入

在网页中引入 jQuery 的方法有两种：一是从 jQuery 官网下载 jQuery 库；二是从 CDN 中引入 jQuery 库。

方法 1：

访问 jQuery 官方网站（https://jquery.com），如图 1 - 2 所示。下载最新的 jQuery 库文件，在网站首页单击"Download jQuery v3.7.1"图标，进入下载页面，如图 1 - 3 所示。

图 1 - 2  jQuery 官网

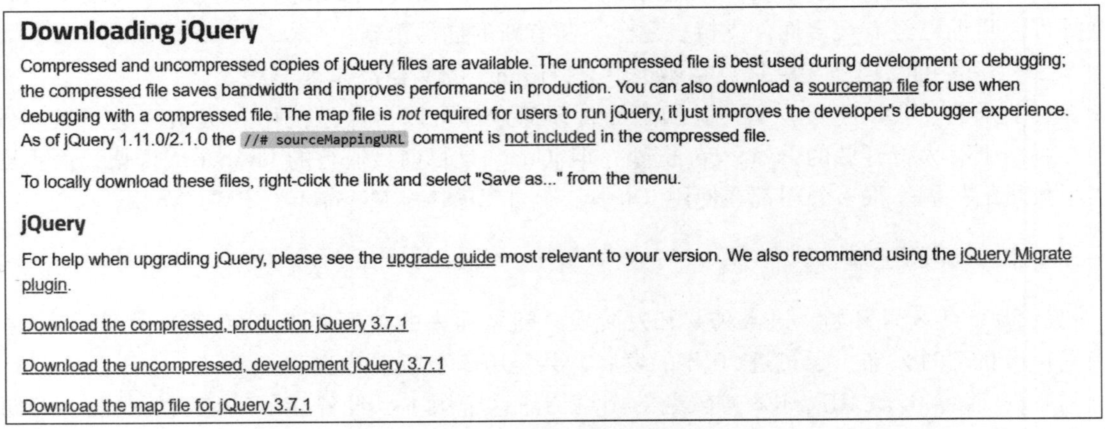

**Downloading jQuery**

Compressed and uncompressed copies of jQuery files are available. The uncompressed file is best used during development or debugging; the compressed file saves bandwidth and improves performance in production. You can also download a sourcemap file for use when debugging with a compressed file. The map file is *not* required for users to run jQuery, it just improves the developer's debugger experience. As of jQuery 1.11.0/2.1.0 the `//# sourceMappingURL` comment is not included in the compressed file.

To locally download these files, right-click the link and select "Save as..." from the menu.

**jQuery**

For help when upgrading jQuery, please see the upgrade guide most relevant to your version. We also recommend using the jQuery Migrate plugin.

Download the compressed, production jQuery 3.7.1

Download the uncompressed, development jQuery 3.7.1

Download the map file for jQuery 3.7.1

图 1－3　下载 jQuery 最新版本

如果选择"Download the compressed，production jQuery 3.7.1"选项，则可以下载代码的压缩版本，此时 jQuery 框架源代码被压缩到了 86 KB，下载的文件为 jquery－3.7.1.min.js。

如果选择"Download the uncompressed，development jQuery 3.7.1"选项，则可以下载包含注释的未被压缩的版本，大小为 279 KB，下载的文件为 jquery－3.7.1.js，如图 1－4 所示。

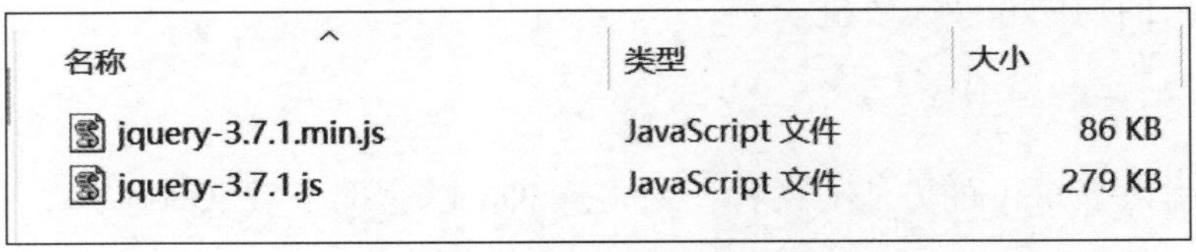

| 名称 ^ | 类型 | 大小 |
| --- | --- | --- |
| jquery-3.7.1.min.js | JavaScript 文件 | 86 KB |
| jquery-3.7.1.js | JavaScript 文件 | 279 KB |

图 1－4　下载后 jQuery 库文件

也可以访问 https://code.jquery.com/下载其他版本的库文件。jQuery 库不需要复杂的安装，只需要把下载的库文件保存到站点中，然后导入即可。

方法 2：

如果不希望下载并存放 jQuery，那么也可以通过 CDN（内容分发网）引用。jQuery 官网、百度、新浪、Google 和 Microsoft 的服务器都存有 jQuery。如果站点用户是国内的，则建议使用百度、新浪等国内的 CDN 地址；如果站点用户是国外的，则可以使用 Google 和 Microsoft 的 CDN 地址。各网站 CDN 的 jQuery 地址如下。

（1）jQuery 官网 CDN：

```
<script src="https://code.jquery.com/jquery-3.6.0.min.js"></script>
```

（2）百度 CDN：

```
<script src="https://libs.baidu.com/jquery/2.1.4/jquery.min.js"></script>
```

（3）新浪 CDN：

```
<script src="http://lib.sinaapp.com/js/jquery/2.0.3/jquery-2.0.3.min.js"></script>
```

（4）Google CDN：

```
< script src = "http://ajax. googleapis. com/ajax/libs/jquery/1.8.0/jquery. min. js" >
</script >
```

（5）Microsoft CDN：

```
< script src = " https://ajax. aspnetcdn. com/ajax/jQuery/jquery - 3.5.0. min. js" >
</script >
```

**任务描述**

编写第一个 jQuery 程序，在当前窗口中弹出一个提示对话框实现弹窗效果，网页效果如图 1 – 5 所示。

图 1－5　弹窗效果

**任务实施**

**1. 导入 jQuery 库文件**

在 Web 站点目录 ch01 文件夹下创建网页 demo1 – 1. html，导入 jQuery 库文件。可以使用相对路径或者绝对路径，也可以使用 CDN 地址，具体情况根据需求而定。HTML 代码片段如下：

```
< script  type = "text/javascript"  src = "../jquery - 3.7.1. min. js" > </script >
```

**2. 实现弹窗效果**

引入 jQuery 库文件后，就可以在页面进行 jQuery 开发。开发的步骤很简单，在导入的 jQuery 库文件下面，使用 script 标签定义一个 JavaScript 代码段，在 script 标签内调用 jQuery 方法编写程序。这里使用 alert( ) 方法实现弹窗效果，具体代码如下：

```
< script  type = "text/javascript" >
    $(document). ready(function(){        //页面加载函数
        alert("第一个 jQuery 程序");
    });
</script >
```

**任务解析**

通过上述代码可以了解使用 jQuery 的 2 个步骤。第 1 步：正确引入 jQuery 库文件；第 2 步：在导入的 jQuery 库文件下使用 script 标签编写 jQuery 程序。

**素质课堂——推崇精益求精的工匠精神**

jQuery 简洁而高效的特性，从它精简的 API 到链式调用的语法，再到对性能的优化，都展现出开发者对代码质量的极致追求。在使用 jQuery 时，不仅能够感受到其带来的便捷性和高效性，更能体会到开发者在背后的辛勤付出和持续改进的决心。这种精神激励着我们在自己的学习和工作中也要追求卓越，不断反思和改进，以达到更高的技术水平和更好的用户体验。因此，jQuery 不仅是一种优秀的工具库，更是一种工匠精神的象征，引领着我们不断向前，追求卓越。

当今世界的竞争说到底是人才竞争、教育竞争，要更加重视人才自主培养，更加重视科学精神、创新能力、批判性思维的培养培育。要更加重视青年人才培养，努力造就一批具有世界影响力的顶尖科技人才，稳定支持一批创新团队，培养更多高素质技术技能人才、能工巧匠、大国工匠。

——2021年5月28日，在中国科学院第二十次院士大会、中国工程院第十五次院士大会、中国科协第十次全国代表大会上的讲话

## 任务 1.2　使用 jQuery 方法操作页面元素

16 本任务通过使用 jQuery 提供的方法操作页面元素，演示设置元素样式、批量控制元素的能力和实现元素运动的能力，感受 jQuery 的魔力。

**任务活动 1　使用 css() 设置字体颜色**

1.2　感受 jQuery
选择元素、控制元素和
实现元素运动的能力

**知识链接**

### 1. DOM 载入 ready() 方法

在上述第一个 jQuery 程序代码中使用了 $(document).ready(function(){}) 这段代码进行首尾包裹，那么为什么必须要包裹这段代码呢？原因是 HTML 文档是从上到下逐行解析的。这意味着在文档的头部（例如，在 head 标签内）引用的 JavaScript 代码可能会在 HTML 元素实际被解析和添加到 DOM 树之前就执行。如果这些 JavaScript 代码依赖某些尚未被解析和加载的 DOM 元素，那么可能会出现错误。

为了解决这个问题，开发者通常需要等待整个 HTML 文档完全加载和解析完成后再执行 JavaScript 代码。延迟等待加载，JavaScript 提供了 load 事件，jQuery 提供了 ready() 方法，

如下：

```
window. onload = function(){};          //JavaScript 等待加载
$(document).ready(function(){});      //jQuery 等待加载
```

虽然这两种方式都保证了 HTML 文档中的所有元素加载完毕后再执行 DOM 操作，但是两种方式还是有一定的区别，见表 1 – 1。

表 1 – 1　onload( ) 与 ready( ) 的区别

| 执行比较 | window. onload( ) | $(document).ready( ) |
|---|---|---|
| 执行时机 | 必须等待网页全部加载完毕（包括图片等）后，再执行包裹代码 | 只需要等待网页中的 DOM 结构加载完毕，就能执行包裹的代码 |
| 执行次数 | 只能执行一次，如果执行第二次，那么第一次的执行会被覆盖 | 可以执行多次，第 N 次都不会被上一次覆盖 |
| 简写方案 | 无 | $(function(){}); |

在实际应用中，很少直接去使用 window. onload( )，因为它需要等待图片之类的大型元素加载完毕后才能执行 JavaScript 代码。所以，遇到网速较慢或者有较大的图片要下载时，页面已经全面展开，图片还在缓慢加载，这时页面上所有的 JavaScript 交互功能都处在假死状态，并且 window. onload( ) 只能执行单次，在多次开发和团队开发中会带来困难。

**2. jQuery 对象**

在 jQuery 程序中，不管是页面元素的选择还是内置功能函数的执行，都以美元符号"$"来起始的。而这个"$"就是 jQuery 中最重要且独有的 jQuery 对象，所以，在进行页面元素选择或执行功能函数的时候，可以这么写：

```
$('#div1');                              //选择 id 为 box 的元素
$('#div1').css('background','red');      //执行功能函数
```

提示：在引入 jQuery 后，除了可以使用"$"外，还可以使用"jQuery"进行操作，两者本质上是同一个对象，即"$(参数)"等价于"jQuery(参数)"。

**任务描述**

设置网页中元素的背景色为红色，网页效果如图 1 –6 所示。

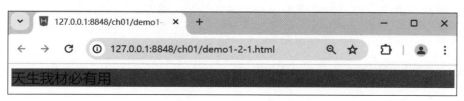

图 1 –6　jQuery 选择元素

## 任务实施

**1. 创建 HTML5 网页**

在 Web 站点目录 ch01 文件夹下创建网页 demo1–2–1. html。HTML 代码片段如下：

```
<div id = "div1">天生我材必有用</div>
```

**2. 设置元素样式**

引入 jQuery 库文件，使用 css() 方法设置网页 id 为"div1"的元素的背景颜色为红色。代码如下：

```
<script src = "../jquery-3.7.1.min.js"></script>
    <script>
        $(function(){
            $('#div1').css('background','red');});
    </script>
```

## 任务解析

在上述代码中，通过 $('#div1') 选择 id 为"div1"的元素，再使用 css('background', 'red') 函数设置文字背景颜色。

**素质课堂——坚定科技强国的信念**

目前前端开发常用的软件有 Dreamweaver、Sublime、Notepad ++、VSCode、HBuilder 等。其中，HBuilder 是数字天堂（DCloud）推出的一款专为前端打造的开源国产软件，它具有快速编辑的特点，具有完整的语法提示，同时配套很多代码块，可以大幅提升 Web 前端开发效率，支持 HTML、CSS、JS、PHP 的快速开发，从开放注册以来深受广大前端开发程序员的喜爱。

这款软件不仅是一款技术产品，它还象征着中国软件工程师的智慧与努力，展现了中国人对科技强国的追求和坚持。它让我们看到了中国软件产业的蓬勃发展和巨大潜力，也让我们更加坚定了科技强国的信念和决心。

**任务活动 2　使用标签选择器批量操作元素**

## 知识链接

在 JavaScript 中，通过 doument. getElementsByTagName('li') 方法可以获取网页中的 li

标签，如果要把它们的字体颜色设置为蓝色，则需要使用循环语句遍历返回元素集合，并逐一设置每个元素的字体样式。此时用 $('li') 与 doument. getElementsByTagName('li') 的运行结果一样，都可以返回一个元素集合对象，但不需要使用循环即可设置每个元素的字体样式。

**任务描述**

设置网页中一组 li 标签字体颜色为蓝色，网页效果如图 1 - 7 所示。

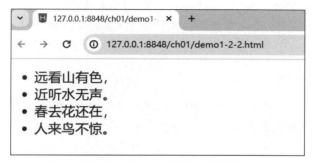

图 1 - 7　jQuery 批量控制元素

**任务实施**

1. 创建 HTML5 网页

在 Web 站点目录 ch01 文件夹下创建网页 demo1 - 2 - 2. html。HTML 代码片段如下：

```
<ul>
    <li>远看山有色,</li>
    <li>近听水无声。</li>
    <li>春去花还在,</li>
    <li>人来鸟不惊。</li>
</ul>
```

2. 编写 JavaScript 代码实现效果

JavaScript 代码通过循环遍历设置网页中的一组 li 元素的文字颜色为蓝色。代码如下：

```
window. onload = function(){
    var li = document. getElementsByTagName('li');
    for(var i = 0;i < li. length;i ++)
    li[i]. style. color = 'blue';}
```

3. 编写 jQuery 代码实现效果

引入 jQuery 库文件，使用 $('li') 标签选择器批量选中网页中的一组 li 元素，设置文字颜色为蓝色。代码如下：

```
<script src = "../jquery - 3.7.1.min.js" > </script >
<script >
            $(function(){
                $('li').css('color','blue');});
</script >
```

**任务解析**

在上述代码中，通过 $('li') 选择标签为 li 的元素集合，再执行 css('color','blue') 命令设置一组 li 元素的字体颜色为蓝色，相较于 JavaScript 的原生代码来说，其功能相同，但写的更少。

**任务活动 3　实现 div 元素运动**

在 JavaScript 中，如果要设置元素的运动效果，是比较麻烦的，而 jQuery 通过封装大量的动画方法，使开发者可以轻松地完成各种原本非常复杂的运动效果。

**任务描述**

单击"运动"按钮让网页中的 div 向右移动，网页效果如图 1 – 8 所示。

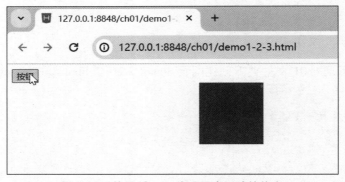

图 1 – 8　使用 jQuery 实现元素运动的能力

**任务实施**

**1. 创建 HTML5 网页**

在 Web 站点目录 ch01 文件夹下创建网页 demo1 – 2 – 3.html。HTML 与 CSS 代码片段如下：

```
<style type = "text/css" >
    #div1{width:100px;
        height:100px;
        background:green;
```

```
                position:absolute;}
    </style>
    <body>
        <input type="button" value="按钮"/>
        <div id="div1"></div>
    </body>
```

**2. 实现运动效果**

编写"运动"按钮的单击事件，执行 $ ('#div1'). animate () 命令让 div 运动起来。代码如下：

```
<script src="../jquery-3.7.1.min.js"></script>
    $(function(){
        $('input').click(function(){    //"按钮"的单击事件
$('#div1').animate({left:'300px'},2000);});});
```

**任务解析**

在上述代码中，通过 $ ('#div1') 选择 id 为"div1"的元素，再使用 animate () 方法让元素实现向右移动的运动动画效果。animate () 方法封装了 JavaScript 中的整段实现动画的代码，因此，只要调用 animate () 方法，就可以实现自定义动画，非常方便。

### 【项目小结】

在 Web 开发中，使用原生 JavaScript 操作 DOM 往往烦琐且容易出错，通过使用标签选择器批量操作元素的任务活动，让读者熟悉 jQuery。通过简洁的语法和强大的选择器，使 DOM 操作变得简单易用。同时，原生的 JavaScript 实现动画与效果时也是较为困难，通过实现 div 元素运动的任务活动让读者了解 jQuery 提供的丰富动画与效果库，轻松实现了淡入淡出、滑动等动画效果。

通过 jQuery 页面交互初体验项目的学习，了解 jQuery 的优势和在前端开发中的重要性。为熟练地运用 jQuery 开发页面交互效果，提升开发效率和代码质量打下良好的基础。

### 项目测评

根据课堂学习情况和项目任务完成情况，进行评价打分。

| 项目名称 | jQuery 页面交互初体验 | 姓名 | | 学号 | | |
|---|---|---|---|---|---|---|
| 测评内容 | | 测评标准 | 分值 | 自评 | 组评 | 师评 |
| 认识 jQuery | | 了解 jQuery 的产生与优势 | 20 | | | |
| jQuery 的下载与引入 | | 掌握 jQuery 的下载与引入方法 | 30 | | | |

| 项目<br>名称 | jQuery 页面<br>交互初体验 | 姓名 | | 学号 | | | |
|---|---|---|---|---|---|---|---|
| 测评内容 | | 测评标准 | 分值 | 自评 | 组评 | 师评 | |
| jQuery 中页面加载的方法 | | 正确编写 $（document）. ready（ ）<br>方法与其缩写形式 | 25 | | | | |
| jQuery 对批量数据的处理 | | 熟悉 jQuery 编写步骤 | 25 | | | | |

【练习园地】

单选题

1. 相比 JavaScript，下列选项中，（　　）不是 jQuery 的优势。

A. 选择元素的能力　　　　　　　　　B. 批量控制元素的能力

C. 实现运动的能力　　　　　　　　　D. 代码的美化能力

2. 关于 jQuery 的 3.x 版本兼容性，正确的是（　　）。

A. 兼容 IE6、IE7、IE8　　　　　　　B. 仅兼容 IE10

C. 从 IE9 开始兼容　　　　　　　　　D. 以上都不对

3. 与 jQuery 的未压缩版本相比，压缩版本的优点是（　　）。

A. 代码美观　　　　　　　　　　　　B. 清晰易懂

C. 网页加载速度较快　　　　　　　　D. 方便程序员更改源代码

4. jQuery 的对象名可以被简写为（　　）。

A. ？符号　　　　　B. $ 符号　　　　　C. % 符号　　　　　D. & 符号

5. 下列说法中，正确的是（　　）。

A. 将引入 jQuery 包的 script 标签和编程的 script 标签"合二为一"

B. 使用 jQuery 需要在 script 标签的 href 属性中引入 jQuery 文件的路径

C. 引入 jQuery 之后，另写一个 script 标签用来写主程序

D. 以上都不对

6. 关于对 jQuery 的引入，理解正确的选项是（　　）。

A. jQuery 文件不必引入，可以在页面中直接调用其方法

B. jQuery 通过 script 标签的 href 属性去引入 jQuery 脚本文件

C. jQuery 也可以把源代码复制到 script 标签里，然后使用 jQuery

D. jQuery 文件必须在 head 标签中去引入

7. 在 jQuery 中，下列关于文档就绪函数的写法，错误的是（　　）。

A. $（document）. ready（function（ ）{}）；

B. $（function（ ）{}）；

C. $（document）（function（ ）{}）；

D. $（ ）. ready（function（ ）{}）；

# 项目 2
# 使用选择器制作菜单特效

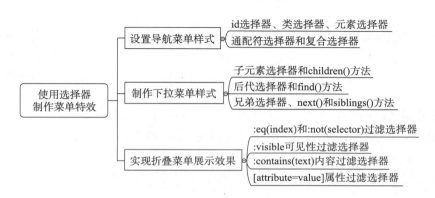

**书证融通**

本项目对应《Web 前端开发职业技能初级标准》中的"能熟练使用 jQuery 选择器高效选择元素开发网站交互效果",从事 Web 前端开发的初级工程师应熟练掌握。

知识目标

1. 掌握 jQuery 选择器的使用方法。

2. 掌握 jQuery 中通过选择器快速定位元素的方法以及技巧。

技能目标

1. 能熟练使用 jQuery 基本选择器。

2. 能熟练使用 jQuery 层次选择器。

3. 能基本使用 jQuery 过滤选择器。

素质目标

1. 培养学生持续学习的习惯,不断提升自我。

2. 培养学生独立思考问题、解决问题的能力。

3. 增强学生文化自信,勇担文化传承使命。

**1＋X 考核导航**

```
                              ┌─ id选择器、类选择器、元素选择器
                设置导航菜单样式 ┤
                              └─ 通配符选择器和复合选择器

                              ┌─ 子元素选择器和children()方法
使用选择器        制作下拉菜单样式 ┼─ 后代选择器和find()方法
制作菜单特效                     └─ 兄弟选择器、next()和siblings()方法

                              ┌─ :eq(index)和:not(selector)过滤选择器
                              ├─ :visible可见性过滤选择器
              实现折叠菜单展示效果 ┤
                              ├─ :contains(text)内容过滤选择器
                              └─ [attribute=value]属性过滤选择器
```

**项目描述**

原生 JavaScript 语言中，只有少许的集中方法能够获取网页指定的 DOM 元素，必须使用该元素的 id 或者 Tag Name，常见的只有 getElementById( )、getElementTagName( ) 等。不过 jQuery 库中提供了许多功能强大的选择器，帮助开发者快速获取 HTML 元素，并且获取到的每个对象都是以 jQuery 包装集的形式返回。熟练使用选择器是学习 jQuery 的基础，jQuery 的所有行为和命令都是建立在选择元素的基础之上的。本项目将帮助读者了解 jQuery 选择器的种类，通过不同的案例，使读者掌握 jQuery 不同选择器的使用方法，从技巧到原理，从会用到巧用，能够高效选择文档元素。

## 任务 2.1　设置导航菜单样式

2.1.1　初识 jQuery 基本选择器

使用基本选择器设置学习理论主页导航菜单选项样式。

jQuery 的基本选择器在实际中应用比较广泛，是其他类型选择器的基础，需要重点掌握。jQuery 的基本选择器主要包括 5 种，分别为 id 选择器、类选择器、元素选择器、通配符选择器和复合选择器，完全继承了 CSS 基本选择器的风格，见表 2 – 1。

表 2 – 1　jQuery 基本选择器类型

| 选择器 | 描述 | 说明 | 返回值 |
|--------|------|------|--------|
| #id | id 选择器 | 根据指定的 id 值匹配一个元素 | 单个元素 |
| . class | 类选择器 | 根据指定的类名匹配所有符合的元素 | 元素集合 |
| Element | 元素选择器 | 根据指定的元素名匹配所有元素 | 元素集合 |
| * | 通配符选择器 | 选取限定范围内的所有元素 | 元素集合 |
| selector1… | 复合选择器 | 指定任意多个选择器，并将匹配到的元素合并到一个结果内返回 | 元素集合 |

**任务活动 1**　通过 **id** 选择器修改指定菜单选项背景色

**知识链接**

2.1.2　id 选择器

id 选择器利用 DOM 元素的 id 属性值来筛选匹配的元素，并以 jQuery 包装集的形式返回给对象。一个规范的 HTML 文档中，多个元素不会出现相同的 id 值，因此，一个 id 选择器只能匹配一个元素。id 选择器的语法格式如下：

```
$("id")
```

**任务描述**

当单击 id 值为"iw"的 li 元素的菜单选项时，背景色发生变化。网页效果如图 2 - 1 和图 2 - 2 所示。

图 2 - 1　单击前背景色网页效果

图 2 - 2　单击后背景色网页效果

**任务实施**

### 1. 创建学习理论主页

在 Web 站点目录 ch02 文件夹下创建网页 demo2 - 1 - 1. html。HTML 代码片段如下：

```html
<div class="container">
    <div style="margin-bottom:0">
        <img class="img-fluid" src="image/head2.png"/>
    </div>
<!--网站导航实现-->
    <div id="nav-wrap">
        <div id="nav">
            <ul>
                <li id="iw">重要著作</li>
                <li>思想理论研究</li>
                <li>理论与实践</li>
                <li>理论界动态</li>
                <li>哲学社会科学</li>
                <li>智库成果</li>
                <li>理论视听</li>
            </ul>
        </div>
    </div>
</div>
```

本案例是仿学习强国网页中学习理论部分的网页效果，主要是设置该主页导航菜单的样式，没有使用具体标签来实现网页布局，这里使用图片模拟布局来实现页面其他效果。

### 2. CSS 样式

```
 *{margin:0;
  padding:0;}
#nav-wrap {
  height:60px;
  background:black;}
#nav-wrap #nav {
  height:60px;
  width:1000px;
  margin:0 auto;
  position:relative;}
#nav-wrap #nav ul {
  list-style:none;
  position:absolute;}
#nav-wrap #nav ul li{
  position:relative;
  z-index:999;
  float:left;
  margin-right:50px;
  line-height:60px;
  text-align:center;
  min-width:30px;
  padding:0 5px;
  color:white;}
.container {
  width:100%;
  padding-right:15px;
  padding-left:15px;
  margin-right:auto;
  margin-left:auto;}
```

z-index 属性只能在设置了 position:relative|absolute|fixed 的元素和父元素设置了 display:flex 属性的子元素中起作用，在其他元素中是不起作用的。#nav 样式中的 width 属性和 li 元素的 margin-right 属性是可以根据浏览器的宽度进行修改的。

### 3. 引入 jQuery 库

在 demo2-1-1.html 的 head 标签中引入 jQuery 库，代码如下：

```
<script src="jquery-3.3.1.min.js"></script>
```

### 4. 添加 jQuery 特效

编写 jQuery 代码，实现单击 id 值为 iw 的 li 元素的时候修改其背景色，具体代码如下：

```
$('#iw').click(function(){
    $(this).css('background','red')  })
```

**任务解析**

在上面的代码中，第 2 行使用了 $(this)，$(this) 是 jQuery 中的一个关键字，它表示当前正在操作的元素。在 jQuery 中，this 是一个指向当前元素的指针。$(this) 可以理解为将 this 所指向的 DOM 元素转换为 jQuery 对象。$(this) 的使用方法很简单，它可以被用于任何的 jQuery 事件处理函数中，例如 click、mouseover、keydown 等事件中。在事件处理函数中，$(this) 可以代替当前正在操作的元素，然后用 jQuery 提供的函数对它进行操作。

**素质课堂——培养持续学习的习惯**

学习强国平台的意义主要体现在以下几个方面：

1. **时代号召的响应**

学习强国作为响应时代号召的产物，提供了一个全面、便捷的学习环境，帮助人们及时获取最新的知识和信息，保持与时代的同步。

2. **个人成长的助推器**

通过学习强国平台，人们可以全面提升专业技能和综合素质，增强在职场中的竞争力。学习强国激发创新思维和批判性思考，有助于学生拓展思维，面对快速变化的世界保持灵活。

3. **社会发展的催化剂**

学习强国通过普及科学知识和法律法规，提高公民素质，促进社会和谐稳定。通过学习中国的历史文化，增强文化自信，促进优秀传统文化的传承和发展。

4. **面对挑战的策略**

在海量信息中筛选有用内容，合理安排学习时间，培养持续学习的习惯，以应对快节奏生活中的学习挑战。学习强国不仅是一个学习的平台，更是新时代中国的一张名片，代表着对知识的渴望和对未来的憧憬。

综上所述，学习强国不仅是一个学习工具，更是个人成长、社会发展和适应时代变化的催化剂。通过合理规划和持续学习，可以在这个平台上实现自我提升，为未来的发展打下坚实的基础。

任务活动2 | 通过类选择器修改菜单选项样式

2.1.3 类选择器

### 知识链接

类选择器是根据元素拥有的 CSS 类名查找匹配的 DOM 元素。与 id 选择器不同的是，一个元素可以有多个 CSS 类名，一个 CSS 类名也可以用于多个元素，这样就可以为相同类名的任何 HTML 元素设置特定的样式。类选择器的语法格式如下：

```
$(".class")
```

### 任务描述

为页面中类名为 byClass 的所有元素设置相同的背景和字体颜色，网页效果如图 2-3 所示。

图 2-3 修改后网页效果

### 任务实施

**1. 创建 demo2-1-2. html**

复制 Web 站点目录 ch02 文件夹下的网页 demo2-1-1. html，然后重命名为 demo2-1-2. html，删除之前的 jQuery 代码，修改部分 li 元素内容，具体 HTML 代码如下：

```
<ul>
    <li id="iw">重要著作</li>
    <li>思想理论研究</li>
    <li><span class="byClass">理论与实践<span></li>
    <li>理论界动态</li>
    <li class="byClass">哲学社会科学</li>
    <li>智库成果</li>
    <li class="byClass"><span>理论视听</span></li>
</ul>
```

**2. 通过类选择器修改背景和字体颜色**

编写 jQuery 代码，修改类名 byClass 元素的背景和字体颜色，具体代码如下：

```
$(".byClass").css("background-color","yellow");
$(".byClass").css("color","black");
```

### 任务解析

在上面的代码中，使用类选择器获取了一组名为"byClass"的 jQuery 包装集，利用 css( )方法为对应的元素设定 CSS 属性值，这里将元素的背景色设置为黄色，文字颜色设置为黑色。

**任务活动 3　通过元素选择器修改菜单选项样式**

### 知识链接

2.1.4　元素选择器

元素选择器是根据元素名称匹配相应的元素。通俗地讲，元素选择器指向 DOM 元素的标签名，也就是说，元素选择器是根据元素的标签名选择的。多数情况下，元素选择器匹配的是一组元素，因此，元素选择器适用于需要为 HTML 文档中所有匹配元素添加样式或行为。元素选择器的语法格式如下：

```
$("element")
```

### 任务描述

修改页面 li 元素的字体颜色和字体大小，网页效果如图 2-4 所示。

图 2-4　修改后网页效果

### 任务实施

**1. 创建 demo2-1-3. html**

复制 Web 站点目录 ch02 文件夹下的网页 demo2-1-2. html，然后重命名为 demo2-1-3. html，删除之前的 jQuery 代码，同时修改 li 元素的 margin-right 属性值为 30 px。

**2. 通过元素选择器修改背景和字体颜色**

编写 jQuery 代码，修改 li 元素的字体大小和字体颜色，具体代码如下：

```
$("li").css("font-size","20px");
$("li").css("color","red");
```

### 任务解析

在上面的代码中，使用元素选择器获取了一组 li 元素的 jQuery 包装集，利用 css（）方法为 li 元素设定 CSS 属性值，这里将元素的字体大小设置为 20 px，文字颜色设置为红色。

**任务活动 4** 通过复合选择器修改菜单选项样式

### 知识链接

2.1.5　复合选择器和
通配符选择器

**1. 复合选择器**

复合选择器就是指定任意多个选择器，并将匹配到的元素合并在一起。选择器可以是 id 选择器、类名选择器或者是元素选择器，选择器之间用逗号（,）隔开，只要符合其中任何一个筛选条件，就会匹配成功，并且返回一个集合形式的 jQuery 包装集。复合选择器的语法格式如下：

```
$("selector1,selector2,selectorN")
```

selector1：一个有效的选择器。
selector2：另一个有效的选择器。
selectorN：任意多个有效选择器。
需要注意的是，以上所有的有效选择器均可以是 id 选择器、类选择器或者是元素选择器。

**2. 通配符选择器**

所谓的通配符，就是指符号"＊"，它能代表页面中的每个元素，包括 html、head 和 body。也就是说，如果在实际开发中想要为页面上的所有元素都添加相同的样式或者行为，此时就可以使用通配符选择器（＊）获取页面上所有的元素。

但是，需要注意的是，如果使用了通配符选择器匹配所有的元素，它会影响网页渲染的时间，所以，在实际开发中要尽量避免使用通配符选择器。

### 任务描述

通过复合选择器修改指定元素的样式，网页效果如图 2-5 所示。

图 2-5　修改后网页效果

**任务实施**

**1. 创建 demo2 – 1 – 4. html**

复制 Web 站点目录 ch02 文件夹下的网页 demo2 – 1 – 2. html，然后重命名为 demo2 – 1 – 4. html，删除之前的 jQuery 代码。

**2. 通过复合选择器修改背景颜色**

编写 jQuery 代码，修改 id 值为"iw"和类名为"byClass"元素的背景颜色，具体代码如下：

```
$("#iw,.byClass").css("background-color","blue");
```

**任务解析**

在上面的代码中，使用复合选择器获取了一组"iw"和类名为"byClass"的 li 元素的 jQuery 包装集，利用 css() 方法为 li 元素设定 CSS 属性值，这里将元素的背景颜色设为蓝色。

## 任务2.2 制作下拉菜单样式

层级选择器简介

使用 jQuery 层次选择器制作学习强国下拉菜单样式。

层次选择器通过 DOM 元素之间的层次关系获取元素，其主要的层次关系包括后代、父子、兄弟管理。jQuery 层次选择器按照 DOM 元素的层次，可以分为子元素选择器、后代选择器、相邻兄弟选择器和兄弟选择器，具体见表 2 – 2。

表 2 – 2  jQuery 层次选择器

| 选择器 | 描述 | 说明 | 返回值 |
|---|---|---|---|
| parent > child | 子元素选择器 | 获取指定父元素的所有子元素 | 元素集合 |
| selector selector1 | 后代选择器 | 获取祖先元素（selector）匹配所有的后代元素（selector1） | 元素集合 |
| prev + next | 相邻兄弟选择器 | 获取 prev 元素相邻的兄弟元素 | 元素集合 |
| prev ~ siblings | 兄弟选择器 | 获取 prev 元素后面所有的兄弟元素 | 元素集合 |

**任务活动1** 通过子元素选择器添加下拉菜单样式

**知识链接**

子元素选择器中的 parent 代表父元素，child 代表子元素，该选择

2.2.1 子元素选择器的基本使用

器就是通过父元素获取其下指定子元素。子元素选择器的语法格式如下：

$("parent > child")

parent：任何有效的选择器。

child：用于匹配元素的选择器，并且它是 parent 元素的子元素。

<img>任务描述</img>

通过子元素选择器获取 id 为 u - menu 元素中所有的子元素 li，并且给它们添加边框和底纹，网页效果如图 2 - 6 和图 2 - 7 所示。

图 2 - 6　没有添加边框和底纹前网页效果　　　　图 2 - 7　添加边框和底纹后网页效果

<img>任务实施</img>

**1. 创建职教云登录界面下拉菜单主页**

在 Web 站点目录 ch02 文件夹下创建网页 demo2 - 2 - 1. html。HTML 代码片段如下：

```
< div id = "bg" >
    < div class = "wrap" >
      < ul id = "u - menu" >
        < li id = "bbgx" >
          < a href = "#" >版本更新 </a >
        </li >
        < li id = "zntp" >
          < a href = "#" >智能投屏 </a >
          < ul >
            < li > < a href = "#" >开始投屏 </a > </li >
            < li > < a href = "#" >客户端下载 </a > </li >
          </ul >
        </li >
        < li id = "spoc" >
```

```
        < a href = "#" >SPOC 平台 </a >
      </li >
      < li id = "down" >
        < a href = "#" >移动端下载 </a >
        < ul >
          < li > < a href = "#" >微信小程序 </a > </li >
          < li > < a href = "#" >移动端下载 </a > </li >
        </ul >
        </li >
      < span >
        < a href = "#" >登录 </a >
      </span >
      < span >
        < a href = "#" >注册 </a >
      </span >
    </ul >
  </div >
 </div >
```

本案例是仿职教云网页中登录界面部分的网页效果，主要是制作该主页下拉菜单选项的样式，没有实现登录模块。同时，为了更好地观察层次选择器的效果，暂时将二级菜单选项显示出来。

2.　CSS 样式

```
 *{ padding:0;
  margin:0;}
 ul  {list - style:none;}
 #bg{
  width:1000px;
  height:800px;
  background - image:url(image/bj.png);
  background - size:cover;
  background - repeat:no - repeat;
  background - position:left;}
.wrap  {
  width:600px;
  height:30px;
  float:right;
  padding - top:30px;}
.wrap li,.wrap span{
  float:left;
```

```
 width:80px;
 height:30px;
 position:relative;}
.wrap a{
 color:white;
 text-decoration:none;
 display:block;
 width:80px;
 height:30px;
 text-align:center;
 line-height:30px;}
.wrap li ul {
 position:absolute;
 border:2px white solid;}
```

### 3. 引入 jQuery 库

在 demo2 – 2 – 1. html 的 <head> 标签中引入 jQuery 库，代码如下：

```
<script src="jquery-3.3.1.min.js"></script>
```

### 4. 添加 jQuery 特效

编写 jQuery 代码，匹配 id 为 u – menu 元素的子元素 li，并为其添加 CSS 样式，具体代码如下：

```
$("#u-menu>li").css("border","4px solid yellow");
$("#u-menu>li").css("background","pink");
```

**任务解析**

在上面代码中，css（ ）方法是 jQuery 提供的方法，用于设置元素的 CSS 样式。其中，background 用于设置背景，pink 是背景颜色，border 用于设置边框样式，边框颜色为 yellow，为 4 px 的实线。

**知识加油站**

在 jQuery 中，还可以使用 children（ ）方法代替子元素选择器，获取指定元素的子元素。例如，获取 demo2 – 2 – 1. html 中 id 值等于 u – menu 的元素下所有的子元素 li，代码如下：

```
$("#u-menu>li");
$("#u-menu").children("li");
```

上述代码中，children（ ）方法的参数 li 表示要获取的子元素，调用该方法的是子元素的父元素对象，如 $("#u – menu")。

**素质课堂——增强社会责任感和使命感**

习近平总书记在党的二十大报告中指出，"青年强，则国家强。当代中国青年生逢其时，施展才干的舞台无比广阔，实现梦想的前景无比光明"，号召"广大青年要坚定不移听党话、跟党走，怀抱梦想又脚踏实地，敢想敢为又善作善成，立志做有理想、敢担当、能吃苦、肯奋斗的新时代好青年，让青春在全面建设社会主义现代化国家的火热实践中绽放绚丽之花"。全面建设社会主义现代化国家、全面推进中华民族伟大复兴，需要广大青年的参与和奉献。新征程上，广大青年成长发展前景广阔、大有可为。要引导广大青年深刻领悟"两个确立"的决定性意义，增强"四个意识"、坚定"四个自信"、做到"两个维护"，坚定信念跟党走，勇做奋进者、开拓者、奉献者，用青春的智慧和汗水打拼出一个更加美好的中国。

> # 「央视快评」职业教育前途广阔 大有可为
>
> 中国青年报 ⓥ　中国青年报
> 发布时间：04-14　09:34 ｜ 中国青年报社
>
> "在全面建设社会主义现代化国家新征程中，职业教育前途广阔、大有可为。"近日，习近平总书记对职业教育工作作出重要指示，为加快构建现代职业教育体系指明了前进方向。总书记的重要指示，必将促进职业教育体系更加完善，推动职业教育领域人才辈出，播下更多大国工匠的种子，为民族复兴汇聚强大力量。
>
> 职业教育是国民教育体系和人力资源开发的重要组成部分。进入新时代，以习近平同志为核心的党中央把加快发展现代职业教育摆在更加突出的位置，强化顶层设计，加大支持力度，推动教产融合，逐步形成了具有中国特色、世界水平的现代职业教育体系。"十三五"期间我国重点建设了197所特色高水平职业院校，培养出大规模的技能人才，营造了皆可成才、人尽其才的良好环境，为经济高质量发展和促进就业、改善民生作出了巨大贡献。

**任务活动2**　通过后代选择器添加下拉菜单样式

📖 **知识链接**

后代选择器中的 selector 代表祖先元素，selector1 代表后代元素，　**2.2.2　后代选择器**
该选择器就是通过祖先元素获取其下指定的后代元素。后代选择器获取的内容包含子元素选择器的内容，因为后代元素不仅包括子代元素，还包括子代元素下的所有其他元素。后代选择器的语法格式如下：

```
$("selector selector1")
```

selector：任何有效的选择器。

selector1：用于匹配元素的选择器，并且它是 selector 所指定元素的后代元素。

**任务描述**

通过后代选择器获取 id 为 u - menu 的元素中所有的后代元素 li，并且给它们添加背景色和边框，网页效果如图 2 - 8 和图 2 - 9 所示。

图 2 - 8　网页初始效果　　　　　　　　图 2 - 9　添加后网页效果

**任务实施**

**1. 创建 demo2 - 2 - 2. html**

复制 Web 站点目录 ch02 文件夹下的网页 demo2 - 2 - 1. html，然后重命名为 demo2 - 2 - 2. html，删除之前的 jQuery 代码。

**2. 通过后代选择器修改背景色和边框**

编写 jQuery 代码，为 id 为 u - menu 的元素中所有的后代元素 li 添加背景色和边框，具体代码如下：

```
$("#u-menu li").css("border","4px solid yellow");
$("#u-menu li").css("background","pink");
```

**任务解析**

在上面的代码中，在选择器中通过空格获取 id 为 u - menu 的元素中所有的后代 li 元素，并为其添加背景色和边框。对比图 2 - 12 和图 2 - 10，可以清楚地看出 jQuery 的子元素选择器和后代选择器的区别。

**知识加油站**

在 jQuery 中，还可以使用 find( ) 方法，获取指定元素的后代元素。例如，获取 demo2 - 2 - 2. html 中，id 值等于 u - menu 的元素下所有的后代元素 li，代码如下：

```
$("#u-menu li");
$("#u-menu ").find("li");
```

上述代码中，find( ) 方法传递的参数 li 表示要获取的所有后代 li 元素。

**任务活动3** 通过兄弟选择器添加下拉菜单样式

**知识链接**

2.2.3 兄弟选择器

**1. 相邻兄弟选择器（prev + next）**

相邻兄弟选择器能够匹配与 prev 元素相邻的同等级的 next 元素。注意，next 元素是跟在 prev 元素后面的相邻元素。prev + next 的语法格式如下：

$("prev + next")

prev：任何有效的选择器。
next：是紧跟在 prev 元素后面且有效的选择器。

**2. 兄弟选择器（prev ~ siblings）**

兄弟选择器能够匹配 prev 元素后面所有同等级的 siblings 元素。prev ~ siblings 的语法格式如下：

$("prev ~ siblings")

prev：任何有效的选择器。
siblings：是 prev 后面所有且有效的选择器。

**任务描述**

筛选页面中紧跟在 id 值为 zntp 的元素后的同等级 li 标签，并改变匹配元素的背景颜色为粉色；筛选页面中 id 值为 zntp 的元素后的所有同等级元素，并改变匹配元素的背景颜色为绿色，效果如图 2 – 10 和图 2 – 11 所示。

图 2 – 10 将 id 值为 zntp 的元素后同等级的 li 元素的背景设置为粉色

图 2 - 11　将 id 值为 zntp 的元素后同等级的元素背景设置为绿色

## 任务实施

**1. 创建 demo2 - 2 - 3. html**

复制 Web 站点目录 ch02 文件夹下的网页 demo2 - 2 - 2. html，然后重命名为 demo2 - 2 - 3. html，删除之前的 jQuery 代码。

**2. 添加 CSS 样式**

在 style 标签里面添加 2 个 CSS 类，用于设置相应元素的背景色，具体代码如下：

```
.bg1{background:pink;}
.bg2{background:green;}
```

**3. 通过相邻兄弟选择器修改背景色**

编写 jQuery 代码，实现匹配 id 为 zntp 的元素的同级元素 li，并为其添加背景色，具体代码如下：

```
$("#zntp + li").addClass('bg1');
```

**4. 通过兄弟选择器修改背景色**

重新编写注释前面的 jQuery 代码，实现匹配 id 为 zntp 的元素的所有同级元素 li，并为其添加背景色，具体代码如下：

```
$("#zntp ~ li").addClass('bg2');
```

## 任务解析

在 jQuery 代码中，使用 addClass() 方法添加了一个类，修改了元素的样式。addClass() 方法向被选元素添加一个或多个类名。该方法不会移除已存在的 class 属性，仅仅添加一个或多个类名的 class 属性。对比图 2-13 和图 2-14，可以清楚地看出，"prev + next" 仅能获取 prev 元素相邻的下一个同级元素，"prev ~ siblings" 可以获取 prev 后的所有同级元素。

**知识加油站**

在 jQuery 中，还有其他方法可以找到同级元素。

**1. next( )、nextAll( ) 和 siblings( ) 方法**

2.2.4 next( )、nextAll( )、siblings( ) 方法的使用

next( ) 方法：获取紧邻匹配元素的下一个同级元素，并允许使用选择器进行筛选。其用法类似于 prev + next 选择器，其语法格式如下：

`$("selector").next([childSelector])`

selector：任何有效的选择器。

childSelector（可选）：表示可以指定的选择器。

nextAll( ) 方法：获取紧邻匹配元素后面所有同级元素，并允许使用选择器进行筛选。其用法类似于 prev ~ siblings 选择器，其语法格式如下：

`$("selector").nextAll([childSelector])`

selector：任何有效的选择器。

childSelector（可选）：表示可以指定的选择器。

siblings( ) 方法：获取匹配元素所有的同级元素（但不包括匹配元素），并允许使用选择器进行筛选。其语法格式如下：

`$("selector").siblings([childSelector])`

selector：任何有效的选择器。

childSelector（可选）：表示可以指定的选择器。

**2. prev( )、prevAll( ) 方法**

2.2.5 prev( )、prevAll( ) 方法

prev( ) 方法：获取紧邻匹配元素的上一个同级元素，并允许使用选择器进行筛选。其语法格式如下：

`$("selector").prev([childSelector])`

selector：任何有效的选择器。

childSelector（可选）：表示可以指定的选择器。

prevAll( ) 方法：获取紧邻匹配元素前面所有的同级元素，并允许使用选择器进行筛选。其语法格式如下：

`$("selector").prevAll([childSelector])`

selector：任何有效的选择器。

childSelector（可选）：表示可以指定的选择器。

**任务活动 4** **1 + X 实战案例——实现导航栏下拉菜单特效**

**任务描述**

2.2.6　1＋X 实战案例——导航栏下拉菜单特效

为了更好地观察层次选择器的使用效果，前面案例中导航栏没有实现下拉菜单的效果，本案例使用 jQuery 实现下拉菜单的特效。

本案例要完成下拉菜单的初始页面效果，如图 2 – 12 所示。单击图中的导航栏选项，此选项的下拉菜单被显示出来，页面效果如图 2 – 13 所示。值得一提的是，当单击其他导航栏选项时，该下拉菜单内容会被隐藏起来。

图 2 – 12　初始页面效果

图 2 – 13　下拉菜单页面效果

**任务实施**

**1. 创建职教云导航栏下拉菜单网页**

在 Web 站点目录 ch02 文件夹下创建文件夹 zjy，在 zjy 下创建网页 index. html，本案例的 HTML 代码和 demo2 – 2 – 1. html 的一样，但是要给下拉菜单选项添加类名，具体代码如下：

```
……
< ul class = "drop" >
< li > < a href = "#" >开始投屏 < /a > < /li >
< li > < a href = "#" >客户端下载 < /a > < /li >
< /ul >
……
< ul class = "drop" >
< li > < a href = "#" >微信小程序 < /a > < /li >
< li > < a href = "#" >移动端下载 < /a > < /li >
< /ul >
……
```

### 2. 引入 CSS 样式

创建 CSS 文件 style. css，内容和 demo2 – 2 – 1. html 的一样，然后通过 link 标签引入 in-dex. html 文档中。代码如下：

```
< link type = "text/css" rel = "stylesheet" href = "css/style. css"/>
```

### 3. 引入 jQuery 库

在 index. html 的 < head > 标签中引入 jQuery 库，代码如下：

```
< script src = "jquery - 3. 3. 1. min. js" > </script >
```

### 4. 添加 jQuery 特效

在 index. html 中添加 jQuery 代码，实现导航栏的下拉菜单特效，代码如下：

```
//隐藏所有下拉选项
$ (". wrap. drop"). hide( );
//显示当前下拉选项,隐藏其他
$ ("#u - menu > li"). click(function( ){
    //获取其他选项
    var lis = $ (this). siblings( );
    //如果当前选项有下拉菜单,则显示出来,如果没有,则隐藏其他选项的下拉菜单
    if( $ (this). children('. drop')){
        $ (this). children('. drop'). show( )
        lis. children('. drop'). hide( );  }
    //隐藏其他选项的下拉菜单
    if(lis. children('. drop'))
        lis. children('. drop'). hide( );})
```

任务解析

上述代码中，选择器 ". wrap. drop" 可获取所有存在下拉菜单的选项，调用 jQuery 提供的 hide( ) 方法即可完成下拉菜单选项的隐藏。然后在 id 值为 u – menu 的元素的子元素 li 上注册单击事件，每当单击事件被触发时，执行第 4 ~ 13 行代码进行相关处理。第 6 行使用 siblings( ) 方法获取当前 li 元素的其他兄弟元素，并使用变量 lis 保存；第 8 ~ 10 行使用 if 进行判断，当前 li 元素是否有下拉菜单选项，如果有则使用 jQuery 提供的 show( ) 方法显示出来，然后隐藏其他显示出来的下拉菜单选项；第 12 ~ 13 行再次使用 if 进行判断，如果第 8 行的当前 li 元素没有下拉菜单选项，则再次判断其他兄弟元素有没有下拉菜单选项，如果有，不管是否显示出来，都将调用 jQuery 提供的 hide( ) 方法隐藏起来。

## 任务 2.3  实现折叠菜单展示效果

使用 jQuery 过滤选择器实现折叠菜单展示效果。

在 jQuery 中，过滤选择器是一个强大的工具，可以从已经选择的元素集中筛选出所需的元素。过滤器主要通过特定的过滤规则来筛选所需的 DOM 元素，和 CSS 中伪类选择器的语法类似：使用冒号（:）开头。冒号（:）后面用于指定过滤规则，例如":first"用于匹配第一个元素。

jQuery 过滤选择器按照不同过滤规则，可以分为基本过滤选择器、可见性过滤选择器、内容过滤选择器、属性过滤选择器、子元素过滤选择器、表单过滤选择器和表单对象过滤选择器等。

### 任务活动 1  通过基本过滤选择器修改折叠菜单选项样式

### 知识链接

基本过滤选择器的过滤规则多数与元素的索引值有关，比如：想要获取 DOM 中的第一个 p 元素，则可以用下面两种方法：

2.3.1 基本过滤选择器

```
$("p:eq(0)")
$("p:first")
```

0 代表索引值，第一个 p 元素的索引值为 0，而":first"选择器获取第一个元素。jQuery 基本过滤选择器见表 2-3。

表 2-3  jQuery 基本过滤选择器

| 选择器 | jQuery 语法 | 说明 | 返回值 |
|---|---|---|---|
| :first | $("tr:first") | 获取第一个元素 | 单个元素 |
| :last | $("tr:last") | 获取最后一个元素 | 单个元素 |
| :even | $("tr:even") | 获取所有索引值（0 开始）为偶数的元素 | 元素集合 |
| :odd | $("tr:odd") | 获取所有索引值（0 开始）为奇数的元素 | 元素集合 |
| :eq(index) | $("tr:eq(3)") | 获取索引值（0 开始）等于 index 的元素 | 单个元素 |
| :gt(index) | $("tr:gt(3)") | 获取索引值（0 开始）大于 index 的元素 | 元素集合 |
| :lt(index) | $("tr:lt(3)") | 获取索引值（0 开始）小于 index 的元素 | 元素集合 |
| :not(selector) | $("tr:not(.red)") | 获取除 selector 之外的其他元素 | 元素集合 |
| :header | $(":header") | 获取所有标题元素 <h1>、<h2>、… | 元素集合 |
| :animated | $(":animated") | 获取所有动画元素 | 元素集合 |

**任务描述**

　　获取下标为奇数和偶数的 li 元素，并修改其字体颜色，网页效果如图 2 – 14 和图 2 – 15 所示。

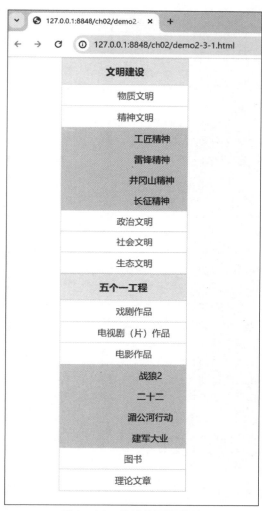

图 2 – 14 　修改前网页效果

图 2 – 15 　修改后网页效果

**任务实施**

**1. 创建三级折叠菜单**

　　在 Web 站点目录 ch02 文件夹下创建网页 demo2 – 3 – 1. html。该网页为三级折叠菜单，HTML 代码片段如下：

```
<div class = "content" >
```

```html
<div class = "menu" >
        <div class = "menu - title" > 文明建设 </div >
            <ul class = "menu - content" >
                <li class = "two" >物质文明 </li  >
                <li class = "two" >精神文明 </li >
                    <ul class = "menu - content - third" >
                        <li >工匠精神 </li >
                        <li >雷锋精神 </li >
                        <li >井冈山精神 </li >
                        <li >长征精神 </li >
                    </ul >
                <li class = "two" >政治文明 </li >
                <li class = "two" >社会文明 </li >
                <li class = "two" >生态文明 </li >
            </ul >
    </div >
    <div class = "menu" >
        <div class = "menu - title" >五个一工程 </div >
            <ul class = "menu - content" >
                <li class = "two" >戏剧作品 </li >
                <li class = "two" >电视剧(片)作品 </li >
                <li class = "two" >电影作品 </li >
                    <ul class = "menu - content - third" >
                        <li >战狼2 </li >
                        <li >二十二 </li >
                        <li >湄公河行动 </li >
                        <li >建军大业 </li >
                    </ul >
                <li class = "two" >图书 </li >
                <li class = "two" >理论文章 </li >
            </ul >
        </div >
    </div >
```

本案例列举了文明建设的五个主题和"五个一工程"，对于详细的内容，可以去学习强国网站进行学习。为了更好地观察过滤选择器的效果，暂时将二级菜单和三级菜单选项内容显示出来。

2. CSS 样式

```css
*{padding:0;
  margin:0;
  cursor:default;  }
```

```
ul{list-style-type:none;}
.content{margin:100px;}
.menu{
width:100%;
text-align:center;}
.menu-title{
    width:223px;
    height:47px;
    line-height:47px;
    font-size:17px;
    color:#475052;
    cursor:pointer;
    border:1px solid #e1e1e1;
    position:relative;
    margin:0px;
    font-weight:bold;
    background:#f1f1f1;}
.two{
    width:auto;
    height:38px;
    line-height:38px;
    padding-left:38px;
    color:#777;
    background:#fff;
    text-decoration:none;
    border-bottom:1px solid #e1e1e1;}
.menu-content,.menu-content-third>li{
      width:223px;
    height:auto;
    overflow:hidden;
    line-height:38px;
    border-left:1px solid #e1e1e1;
    background:#fff;
    border-right:1px solid #e1e1e1;}
.menu-content li:hover{
background-color:azure;
  cursor:pointer;}
  .menu-content-third>li{
     padding-left:48px;
     background:wheat;
     /* display:none;*/  }
```

### 3. 引入 jQuery 库

在 demo2 – 3 – 1. html 的 < head > 标签中引入 jQuery 库，代码如下：

```
< script src = "jquery - 3.3.1.min.js" > </script>
```

### 4. 添加 jQuery 特效

编写 jQuery 代码，分别设置奇数行和偶数行 li 元素的字体颜色，具体代码如下：

```
$("li:odd").css('color','red');
$("li:even").css('color','blue');
```

**任务解析**

在上面的代码中，第 1 行使用 ":odd" 过滤选择器获取索引值为奇数的 li 元素，然后使用 css( ) 方法为匹配的 li 元素修改字体颜色。

第 2 行使用 ":even" 过滤选择器获取索引值为偶数 li 元素，然后使用 css( ) 方法为匹配的 li 元素修改字体颜色。

### 素质课堂——培育爱国主义精神

"五个一工程"是精神文明建设重在建设的具体体现，坚持社会主义先进文化前进方向，倡导作家、艺术家贴近实际、贴近生活、贴近群众，讴歌时代和人民，鼓励弘扬以爱国主义为核心的民族精神和以改革创新为核心的时代精神，提倡思想性、艺术性、观赏性的高度统一，题材、风格、形式的百花齐放，得到群众喜爱。"五个一工程"在引领文艺创作生产、引导大众审美和文化消费中发挥了不可替代的重要作用。

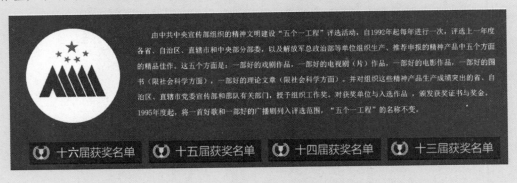

**任务活动 2** 通过可见性过滤选择器修改折叠菜单选项样式

2.3.2 可见性
过滤选择器

**知识链接**

在网页开发中，HTML 页面中元素的状态有隐藏和显示两种。例如，折叠式菜单中，折叠起来的子菜单就是被隐藏的元素，又称为不可见元素；如果将子菜单展开，那么它就是可见元素。

　　jQuery 中提供的可见性过滤选择器就是利用元素的可见状态匹配元素的，因此，可见性过滤选择器也分为两种，具体见表 2-4。

表 2-4　jQuery 可见性过滤选择器

| 选择器 | jQuery 语法 | 说明 | 返回值 |
| --- | --- | --- | --- |
| :visible | $("tr:visible") | 获取所有可见元素 | 元素集合 |
| :hidden | $("tr:hidden") | 获取所有不可见元素 | 元素集合 |

　　注意：:hidden 过滤选择器包含的内容是 CSS 样式为 display:none、input 表单类型为 type = "hidden"和 visibility:hidden 的元素。

**任务描述**

　　获取所有类名为 two 的可见元素，为其设置背景色，并在控制台打印输出，页面效果如图 2-16 和图 2-17 所示。

图 2-16　网页默认效果

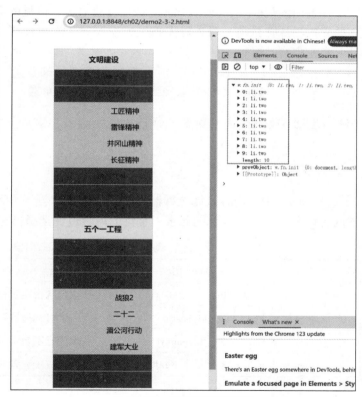

图 2-17　修改后网页效果

### 任务实施

**1. 创建 demo2 - 3 - 2. html**

复制 Web 站点目录 ch02 文件夹下的网页 demo2 - 3 - 1. html，然后重命名为 demo2 - 3 - 2. html，删除之前的 jQuery 代码。

**2. 通过 : visible 选择器修改背景色**

编写 jQuery 代码，对获取到的可见元素设置背景色，并在控制台打印输出，具体代码如下：

```
$(".two:visible").css('backgroundColor','red');
console.log( $(".two:visible"));
```

### 任务解析

在上面的代码中，使用 : visible 选择器获取所有可见的类名为"two"的元素，并为获取到的元素添加背景色，第 2 行代码用于在控制台输出使用 : visible 选择器获取指定的所有可见元素的集合。

对比图 2 - 18 和图 2 - 19，所有二级菜单选项的背景色都被重新修改了，打开控制台，可以看到使用 : visible 选择器获取到的 10 个可见性元素。

**任务活动 3　通过内容过滤选择器设置折叠菜单选项样式**

### 知识链接

在 jQuery 中，内容过滤选择器用于获取包含或等于 DOM 元素的文本内容以及是否含有匹配的元素。常见的内容过滤选择器见表 2 - 5。

2.3.3　内容过滤选择器

表 2 - 5　jQuery 内容过滤选择器

| 选择器 | jQuery 语法 | 说明 | 返回值 |
|---|---|---|---|
| :contains( text) | $("td:contains('is')") | 获取包含指定字符串的元素 | 元素集合 |
| :has( selector) | $("td:has(p)") | 获取含有选择器匹配的元素 | 元素集合 |
| :empty | $("td:empty") | 获取所有不包含子元素或文本的空元素 | 元素集合 |
| :parent | $("td:parent") | 获取含有子元素或文本的元素 | 元素集合 |

### 任务描述

获取含有文本内容"作品"的 li 元素，并设置匹配元素的背景色，页面效果如图 2 - 18 和图 2 - 19 所示。

图 2 - 18　网页默认效果

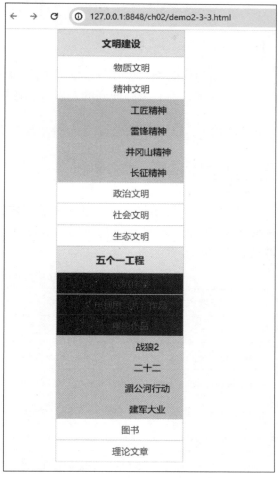

图 2 - 19　设置后的网页效果

**任务实施**

**1.** 创建 demo2 - 3 - 3. html

复制 Web 站点目录 ch02 文件夹下的网页 demo2 - 3 - 2. html，然后重命名为 demo2 - 3 - 3. html，删除之前的 jQuery 代码。

**2.** 通过 :contains( text) 选中元素

编写 jQuery 代码，为通过 :contains( text) 选择器获取到的元素设置背景色，具体代码如下：

```
$("li:contains(作品)").css('background','blue')
```

**任务解析**

在上面的代码中，使用:contains 选择器获取文本中包含"作品"词语的 li 元素，然后为匹配到的元素添加背景色。

2.3.4 属性
过滤选择器

**任务活动4** 通过属性过滤选择器修改折叠菜单选项样式

**知识链接**

在 jQuery 中，不仅可以通过元素的内容筛选元素，还可以将元素的属性作为筛选条件来筛选元素。jQuery 的属性过滤选择器将过滤规则包裹在"［ ］"中。常见的属性过滤选择器见表 2 - 6。

表 2 - 6　jQuery 属性过滤选择器

| 选择器 | jQuery 语法 | 说明 | 返回值 |
| --- | --- | --- | --- |
| ［attribute］ | $("td［name］") | 获取拥有此属性的元素 | 元素集合 |
| ［attribute = value］ | $("td［name = test］") | 获取属性值为 value 的元素 | 元素集合 |
| ［attribute!= value］ | $("td［name!= 'test'］") | 获取属性值不为 value 的元素 | 元素集合 |
| ［attribute $ = value］ | $("td［name $ = 't'］") | 获取属性值以 value 结束的元素 | 元素集合 |
| ［attribute^= value］ | $("td［name^= 't'］") | 获取属性值以 value 开始的元素 | 元素集合 |
| ［attribute * = value］ | $("td［name * = 't'］") | 获取属性值含有 value 的元素 | 元素集合 |
| ［attribute］［attribute］<br>［attribute］ | $("td［id］［name^= 't'］") | 获取满足多个条件的复合属性的元素 | 元素集合 |

**任务描述**

获取 class 属性值等于 third 的元素，修改匹配元素的边框样式。网页效果如图 2 - 20 和图 2 - 21 所示。

图 2 - 20　网页默认效果　　　　　　　图 2 - 21　修改后的网页效果

## 任务实施

**1. 创建 demo2 - 3 - 4. html**

复制 Web 站点目录 ch02 文件夹下的网页 demo2 - 3 - 3. html，然后重命名为 demo2 - 3 - 4. html，删除之前的 jQuery 代码，并给三级菜单的 li 元素添加类名，具体代码如下：

```
……
<li class = "third">工匠精神</li>
<li class = "third">雷锋精神</li>
<li class = "third">井冈山精神</li>
<li class = "third">长征精神</li>
```

```
......
<li class = "third">战狼 2</li>
<li class = "third">二十二</li>
<li class = "third">湄公河行动</li>
<li class = "third">建军大业</li>
......
```

**2. 通过［attribute = value］选择器选中元素**

编写 jQuery 代码，为通过［attribute = value］选择器获取的 class 属性值为"third"的 li
元素设置边框样式，具体代码如下：

```
$("li[class = third]").css('border','2px solid red')
```

**任务解析**

在上面代码中，使用［attribute = value］选择器获取 class 属性值为"third"的 li 元素，
然后修改匹配元素的边框样式。

**任务活动 5** 通过子元素过滤选择器修改折叠菜单选项样式

**知识链接**

2.3.5 子元素
过滤选择器

**1. 子元素过滤选择器**

在 jQuery 中，子元素过滤选择器可以通过父元素和子元素的相应关系来获取相应元素：
它有两个优势：第一，可以同时获取不同父元素下满足条件的子元素；第二，与层次选择
器中的子元素选择器相比，拥有较灵活的过滤规则。jQuery 中的子元素过滤选择器具体见
表 2 - 7。

表 2 - 7　jQuery 子元素过滤选择器

| 选择器 | jQuery 语法 | 说明 | 返回值 |
| --- | --- | --- | --- |
| :first - child | $("tr td:first - child") | 获取每个父元素的第一个子元素 | 元素集合 |
| :last - child | $("tr td:last - child") | 获取每个父元素的最后一个子元素 | 元素集合 |
| :nth - child (odd\|even\|eq\|index) | ("tr td:nth - child(3)") $("tr td:nth - child (even)") | 获取每个元素下的特定元素，索引号从 1 开始 | 元素集合 |
| :only - child | $("tr td:only - child") | 获取只有一个子元素的父元素下的子元素 | 元素集合 |

**2. 表单过滤选择器**

为了更加容易地操作表单，jQuery 提供了表单过滤选择器。表单过滤选择器是通过 input 标签的 type 属性值定位 DOM 元素，可以快速定位某个类型元素的集合。jQuery 中常用的表单过滤选择器具体见表 2 - 8。

表 2 - 8　jQuery 表单过滤选择器

| 选择器 | jQuery 语法 | 说明 | 返回值 |
|---|---|---|---|
| :input | $ ( ":input" ) | 获取表单中所有 input｜textarea｜select｜button 元素 | 元素集合 |
| :text | $ ( ":text" ) | 获取表单中所有的单行文本框 | 元素集合 |
| :password | $ ( ":password" ) | 获取表单中所有的密码域 | 元素集合 |
| :radio | $ ( ":radio" ) | 获取表单中所有的单选按钮 | 元素集合 |
| :checkbox | $ ( ":checkbox" ) | 获取表单中所有的复选框 | 元素集合 |
| :submit | $ ( ":submit" ) | 获取表单中所有的提交按钮 | 元素集合 |
| :reset | $ ( ":reset" ) | 获取表单中所有的重置按钮 | 元素集合 |
| :button | $ ( ":button" ) | 获取所有的普通按钮 | 元素集合 |
| :image | $ ( ":image" ) | 获取表单中所有的图像域 | 元素集合 |
| :file | $ ( ":file" ) | 获取表单中所有的文本域 | 元素集合 |

需要注意的是，button 选择器可以获取使用 input［type = button］ 和 button 元素定义的按钮。但是：image 择器可以获取使用 input［type = image］ 定义的图像，却不能获取 img 定义的图像元素。

**3. 表单对象属性过滤选择器**

2.3.7　表单对象属性过滤选择器

表单对象的状态属性包括 enabled、disabled、checked、selected。表单对象属性过滤选择器就是通过表单对象的状态属性来获取该类元素的，具体见表 2 - 9。

表 2 - 9　jQuery 表单对象属性过滤选择器

| 选择器 | jQuery 语法 | 说明 | 返回值 |
|---|---|---|---|
| :enabled | $ ( "input:enable" ) | 获取表单中所有属性为可用的元素 | 元素集合 |
| :disabled | $ ( ":disabled" ) | 获取表单中所有属性为不可用的元素 | 元素集合 |
| :selected | $ ( ":selected" ) | 获取表单中所有被选中 option 的元素 | 元素集合 |
| :checked | $ ( ":checked" ) | 获取表单中所有被选中的元素（单选框、复选框） | 元素集合 |

**任务描述**

获取每个 ul 列表的第 3 个元素，然后修改匹配元素的字体颜色。网页默认效果如图 2 - 22 和图 2 - 23 所示。

**任务实施**

**1. 创建 demo2 - 3 - 5. html**

复制 Web 站点目录 ch02 文件夹下的网页 demo2 - 3 - 4. html，然后重命名为 demo2 - 3 -

5. html，删除之前的 jQuery 代码。

**2. 通过 :nth-child(odd|even|eq|index) 修改字体颜色**

编写 jQuery 代码，通过 :nth-child(3) 选择器对获取到的 ul 列表的第 3 个元素，然后为匹配的元素设置样式，具体代码如下：

```
$("ul:nth-child(3)").css('color','red');
```

**任务解析**

上述代码中，ul 元素和 :nth-child(3) 中间是有空格的，目的是获取每个 ul 列表下的第 3 个子元素，然后为匹配的元素修改字体样式。二级菜单"精神文明"下的整个三级菜单是一个 ul 列表，也是上一级 ul 元素的第 3 个子元素，因此，三级菜单所有选项的字体颜色都变成了红色。从图 2-23 中可以看出，三级菜单选项"湄公河行动"的字体颜色也发

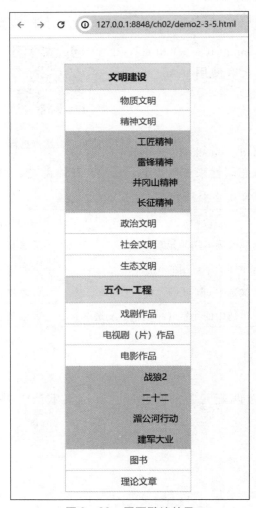

图 2-22　网页默认效果

图 2-23　修改后的网页效果

生了变化,因为它属于三级菜单 ul 列表的第 3 个子元素。

**任务活动 6** **1 + X 实战案例——实现折叠菜单展示特效**

2.3.8 1 + X 实战
案例——折叠菜单特效

**任务描述**

为了更好地观察过滤选择器的使用效果,前面案例中折叠菜单没有实现折叠的效果,本案例使用 jQuery 实现折叠式菜单的特效。

本案例要完成折叠菜单的初始页面效果,如图 2 – 24 所示。单击图中一级菜单项"五个一工程",此菜单的二级菜单内容会被展示,其他一级菜单的二级菜单内容会被隐藏,页面效果如图 2 – 25 所示;当单击图 2 – 26 中的二级菜单项"电影作品",会展开此菜单的三级菜单内容,其他同等级的二级菜单下的三级菜单内容会被隐藏,页面效果如图 2 – 27 所示。

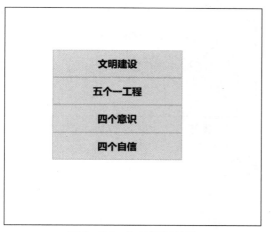

图 2 – 24 初始网页效果

图 2 – 25 展开二级折叠菜单

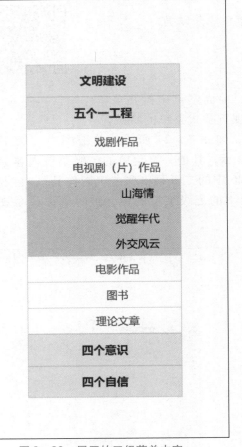

图 2 - 26　展开的三级菜单内容　　　　　图 2 - 27　切换的三级菜单内容

**任务实施**

**1. 创建折叠菜单网页**

在 Web 站点目录 ch02 文件夹下创建文件夹 menu，在 menu 下创建网页 index. html，本案例的 HTML 代码在 demo2 - 3 - 1. html 的基础上增加若干个一级菜单项和三级菜单项，具体代码如下：

```
< div class = "content" >
        < div class = "menu" >
                < div class = "menu - title" >文明建设 </div >
                        < ul class = "menu - content" >
                                < li class = "two" >物质文明 </li >
                            < li class = "two" >精神文明 </li >
                                < ul class = "menu - content - third" >
```

```
                    <li class = "third" >工匠精神 </li >
                    <li class = "third" >雷锋精神 </li >
                    <li class = "third" >井冈山精神 </li >
                    <li class = "third" >长征精神 </li >
                </ul >
                <li class = "two" >政治文明 </li >
                <li class = "two" >社会文明 </li >
                <li class = "two" >生态文明 </li >
            </ul >
</div >
<div class = "menu" >
        <div class = "menu - title" >五个一工程 </div >
            <ul class = "menu - content" >
                <li class = "two" >戏剧作品 </li >
                <li class = "two" >电视剧(片)作品 </li >
                <ul class = "menu - content - third" >
                    <li class = "third" >山海情 </li >
                    <li class = "third" >觉醒年代 </li >
                    <li class = "third" >外交风云 </li >
                </ul >
                <li class = "two" >电影作品 </li >
                <ul class = "menu - content - third" >
                    <li class = "third" >战狼 2 </li >
                    <li class = "third" >二十二 </li >
                    <li class = "third" >湄公河行动 </li >
                    <li class = "third" >建军大业 </li >
                </ul >
                <li class = "two" >图书 </li >
                <li class = "two" >理论文章 </li >
            </ul >
</div >
<div class = "menu" >
        <div class = "menu - title" >四个意识 </div >
            <ul class = "menu - content" >
                <li class = "two" >政治意识 </li >
                <li class = "two" >大局意识 </li >
                <li class = "two" >核心意识 </li >
                <li class = "two" >看齐意识 </li >
            </ul >
</div >
<div class = "menu" >
        <div class = "menu - title" >四个自信 </div >
            <ul class = "menu - content" >
```

```
            < li class = "two" >文化自信 < /li >
            < li class = "two" >道路自信 < /li >
            < li class = "two" >理论自信 < /li >
            < li class = "two" >制度自信 < /li >
        < /ul >
    < /div >
  < /div >
< /div >
```

### 2. 引入 CSS 样式

创建 CSS 文件 style. css，内容和 demo2 – 3 – 1. html 的一样，然后通过 link 标签引入 in-dex. html 文档中。代码如下：

```
< link type = "text/css" rel = "stylesheet" href = "css/style. css"/>
```

### 3. 引入 jQuery 库

在 index. html 的 < head > 标签中引入 jQuery 库，代码如下：

```
< script src = "jquery – 3. 3. 1. min. js" > < /script >
```

### 4. 添加 jQuery 特效

在 index. html 中添加 jQuery 代码，实现三级折叠菜单特效，代码如下：

```
//隐藏二级菜单和三级菜单
$ (". menu ul"). hide();
    //显示当前二级菜单内容,隐藏其他
    $ (". menu - title"). click(function(){
    //显示当前菜单对应的子菜单(二级菜单)
    $ (this). next('ul'). show();
    //获取其他二级菜单或三级菜单的 ul 元素
    var dv = $ (this). parent('div');
    var uls = dv. siblings(). find('ul');
    //隐藏其他二级菜单或三级菜单下的子菜单
    uls. hide();})
    //显示当前三级菜单的内容
    $ (". menu - content li"). click(function(){
    //显示当前二级菜单对应的子菜单(三级菜单)
    $ (this). next('ul'). show();
    //获取其他二级菜单项的 li 元素
    var lis = $ (this). siblings('li');
    //隐藏其他二级菜单项的子菜单
    lis. next('ul'). hide();})
```

## 任务解析

上述代码中，选择器 ". menu ul" 可获取所有菜单项的子菜单，包括三级子菜单，调用 jQuery 提供的 hide( ) 方法即可完成所有子菜单的隐藏。然后在类名为 menu – title 的元素上注册单击事件。每当单击事件被触发时，执行该对象绑定的 click( ) 方法代码进行相关处理。在 click( ) 方法中，使用 next( ) 方法获取当前 li 元素的子菜单项（即二级菜单），并使用 jQuery 提供的 show( ) 方法显示出来；使用 parent( ) 方法找到 li 元素的上级 div 元素，并使用变量 dv 保存；dv 调用 siblings( ) 方法找到其他同级的 div 元素，然后调用 find( ) 方法找到后代元素 ul，即二级菜单，并使用变量 uls 保存；接着 uls 调用 jQuery 提供的 hide( ) 方法来隐藏匹配到的元素。

同时，为二级菜单项类名为 "menu – content" 的元素的后代元素 li 注册单击事件，每当单击事件被触发时，执行该对象绑定的 click( ) 方法代码进行相关处理。在 click( ) 方法中，同样使用 next( ) 方法找到紧邻当前 li 元素的 ul 元素，并调用 jQuery 提供的 show( ) 方法显示出来；使用 siblings( ) 方法找到其他同级的 li 元素，即二级菜单，并使用变量 lis 保存；lis 调用 next( ) 方法找到紧邻 li 元素的 ul，即其他二级菜单的子菜单，并调用 jQuery 提供的 hide( ) 方法进行隐藏。

### 【项目小结】

在进行 Web 开发时，使用原生 JavaScript 进行元素选择时，往往需要编写复杂的逻辑和多次遍历 DOM 树，这不仅降低了代码的可读性，也影响了网页的性能。通过设置导航栏菜单样式的任务让读者熟练掌握基本的选择器，如元素选择器、类选择器和 id 选择器，它们能够快速定位到页面上的特定元素。通过制作下拉菜单样式和实现折叠菜单展示效果的任务，学习了更复杂的选择器——后代选择器、兄弟选择器、属性过滤选择器、内容过滤选择器等，这些选择器能更精确地选择目标元素，避免了不必要的 DOM 遍历。

通过使用选择器制作菜单特效项目的学习，使读者能灵活运用 jQuery 的各种选择器应用到实际项目中，提高解决实际问题的能力。

### 项目测评

根据课堂学习情况和项目任务完成情况，进行评价打分。

| 项目名称 | 使用选择器制作菜单特效 | 姓名 | | 学号 | | | |
|---|---|---|---|---|---|---|---|
| 测评内容 | | 测评标准 | | 分值 | 自评 | 组评 | 师评 |
| 基本选择器 | | 能灵活使用基本选择器 | | 10 | | | |
| 层次选择器 | | 掌握层次选择器的使用 | | 25 | | | |
| 下拉菜单特效 | | 能灵活使用选择器完成下拉菜单特效 | | 20 | | | |
| 过滤选择器 | | 能灵活运用各种过滤选择器 | | 25 | | | |
| 折叠菜单特效 | | 能灵活使用选择器完成折叠菜单特效 | | 20 | | | |

【练习园地】

一、单选题

1. 在 jQuery 中，选择使用 myClass 类的所有元素（    ）。

A. $(". myClass")　　　　　　　　　　B. $("#myClass")

C. $｛*｝　　　　　　　　　　　　　　D. $｛"body"｝

2. $("#userName").val("张三") 代码中使用到的选择器是（    ）。

A. 类选择器　　　B. id 选择器　　　C. 后代选择器　　　D. 标记选择器

3. jQuery 中，使用（    ）修改列表中索引值为 2 的 li 元素背景颜色。

A. $("li:gt(2)").css("background - color","#ccc");

B. $("li:eq(2)").css("background - color","#ccc");

C. $("li:odd(2)").css("background - color","#ccc");

D. $("li:lt(2)").css("background - color","#ccc");

4. 下列关于 jQuery 选择器的说法，正确的是（    ）。

A. ":text"匹配 < textarea > < /textarea > 元素

B. ":button"匹配的按钮包括提交按钮、重置按钮、普通按钮

C. ":password"匹配所有的密码框

D. ":checked"匹配所有的复选框

5. 在 jQuery 中，使用（    ）获取紧邻 id 为 it 的元素之后的 p 元素。

A. $("#it p")　　　B. $("#it ~ p")　　　C. $("#it + p")　　　D. $("#it > p")

二、操作题

对于一些清单型数据，通常是利用表格展示到页面。如果数据比较多，很容易串行。这时可以为表格添加隔行换色并且鼠标指向行变色功能。

（1）在页面中创建一个表格，令表格奇数行显示黄色、偶数行显示浅蓝色，如图 2 - 31 所示。

## 热门销售商品

| 商品产地 | 商品名称 | 当月销售数量 | 商品单价 |
|---|---|---|---|
| 四川 | 边茶 | 10000 | 6000 |
| 温州 | 黄汤 | 8000 | 800 |
| 信阳 | 毛尖 | 7000 | 1000 |
| 武夷 | 岩茶 | 8000 | 2000 |

图 2 - 31　隔行换色的表格效果

（2）当鼠标单击某一行时，该行颜色随之改变，如图 2 - 32 所示。

## 热门销售商品

| 商品产地 | 商品名称 | 当月销售数量 | 商品单价 |
|---|---|---|---|
| 四川 | 边茶 | 10000 | 6000 |
| 温州 | 黄汤 | 8000 | 800 |
| 信阳 | 毛尖 | 7000 | 1000 |
| 武夷 | 岩茶 | 8000 | 2000 |

图 2 - 32　鼠标单击第三行时的效果

# 项目 3
# jQuery 的 DOM 操作

**书证融通**

本项目对应《Web 前端开发职业技能初级标准》中的"能使用 jQuery 提供的 DOM 操作方法开发网站交互效果页面",从事 Web 前端开发的初级工程师应当熟练掌握。

**知识目标**

1. 掌握 css( )、addClass( ) 和 toggleClass( ) 方法的使用。

2. 掌握 attr( )、val( ) 和 scrollTop( ) 方法的使用。

3. 掌握 append( )、remove( ) 和 each( ) 方法的使用。

**技能目标**

1. 能熟练使用 jQuery 操作元素样式的方法。

2. 能熟练使用 jQuery 操作元素属性的方法。

3. 能熟练使用 jQuery 操作元素节点的方法。

**素质目标**

1. 践行快捷、高效工作理念。

2. 养成良好编程习惯。

3. 培养对用户负责的工作态度。

**1 + X 考核导航**

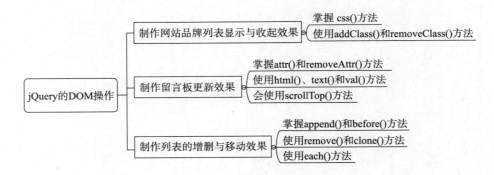

## 项目描述

在 Web 开发中，操作 DOM 对整个网页动态控制功能的实现非常关键，它可以利用 DOM 提供的接口操作页面的元素，可以添加、删除以及修改元素的属性、样式、内容等。

### 任务 3.1　制作网站品牌列表显示与收起效果

使用操作 CSS 样式方法和操作 CSS 类方法实现网站品牌列表显示与收起效果。

**任务活动 1　操作 CSS 样式方法**

3.1.1　使用 css() 方法

## 知识链接

jQuery 使用 css( ) 方法读取和设置元素 CSS 样式，利用该方法可以设置元素 style 样式中的属性，语法格式见表 3 – 1。

表 3 – 1　css( ) 样式语法格式

| 方法名 | 描述 |
|---|---|
| css(name) | 获取某个元素行内的 CSS 样式 |
| css(name,value) | 设置某个元素行内的 CSS 样式 |
| css({name1:value1,name2:value2,⋯}) | 设置某个元素行内多个 CSS 样式 |
| css(name,function(index,value)()) | 设置某个元素行内的 CSS 样式 |

表中参数 name 表示 CSS 属性名，value 表示属性值。{name1:value1,name2:value2,⋯} 表示多个键值对构成的对象，可以对多个属性进行设置。function(index,value) 表示函数返回值作为属性值，该函数接收元素的索引位置和元素旧的样式属性值作为参数。

## 任务描述

添加按钮单击事件演示操作 CSS 样式方法使用的形式，网页初始效果如图 3 – 1 所示。

**操作css()方法**

格式一　格式二　格式三　格式四

### 习近平总书记对青年的青春寄语

- 现在，青春是用来奋斗的；将来，青春是用来回忆的。
- 青年有着大好机遇，关键是要迈稳步子、夯实根基、久久为功。
- 广大青年要坚定不移听党话、跟党走，怀想梦想又脚踏实地，敢想敢为又善作善成，立志做有理想、敢担当、能吃苦、肯奋斗的新时代好青年，让青春在全面建设社会主义现代化国家的火热实践中绽放绚丽之花。
- 我国广大青年要坚定理想信念，培育高尚品格，练就过硬本领，勇于创新创造，矢志艰苦奋斗，同亿万人民一道，在矢志奋斗中谱写新时代的青春之歌。
- 明天的中国，希望寄予青年。青年兴则国家兴，中国发展要靠广大青年挺膺担当。年轻充满朝气，青春孕育希望。广大青年要厚植家国情怀、涵养进取品格，以奋斗姿态激扬青春，不负时代，不负华年。

图 3 – 1　操作 CSS 样式方法网页初始效果

### 任务实施

**1. 创建 HTML5 网页**

在 Web 站点目录 ch03 文件夹下创建网页 demo3 – 1 – 1. html。代码片段如下：

```
<h2>操作 css()方法</h2>
<input type = "button" value = "格式一" />
<input type = "button" value = "格式二" />
<input type = "button" value = "格式三" />
<input type = "button" value = "格式四" />
<h1>习近平总书记对青年的青春寄语</h1>
<ul>
        <li>现在,青春是用来奋斗的;将来,青春是用来回忆的。</li>
        ......
</ul>
```

**2. 添加单击事件**

使用 css() 方法的 4 种语法格式绑定按钮单击事件，演示不同格式所实现功能的区别。代码如下：

```
$(function(){
    //格式一
    $('input').eq(0).click(function(){
        alert( $('h1').css('font - size'();});
    //格式二
    $('input').eq(1).click(function(){
        $('h1').css('color','red');});
    //格式三
    $('input').eq(2).click(function(){
        $('h1').css({
            color:'green',
            fontSize:'50px',
            background:'yellow'});});
    //格式四
    $('input').eq(3).click(function(){
        $('li').css('fontSize',function(index,value){
            console.log(index);
            console.log(value);
            return index* 3 +parseInt(value) + 'px';});});});
```

**3. 运行网页**

在浏览器中预览网页文件，分别单击 4 个按钮，运行效果如图 3 – 2 所示。

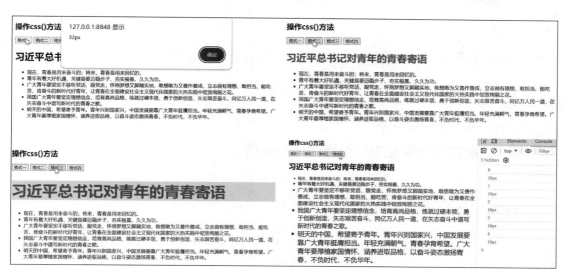

图 3-2　使用四种 css( ) 方法页面效果

(任务解析)

在上述代码中，"格式一"按钮，css( ) 方法带 1 个参数，可以获取元素的某个属性值。"格式二"按钮，css( ) 方法带 2 个参数，可以设置元素的某个属性值。"格式三"按钮，css( )方法参数是键值对的对象，这样就可以对元素的多个属性值进行设置。"格式四"按钮，css( ) 方法第 2 个参数是一个规定返回 CSS 属性新值的函数，通过传递当前元素的索引值和属性值，从而返回 CSS 属性新值。在函数中还可以编写更多的关于属性设置的逻辑代码。

任务活动 2　操作 CSS 类

(知识链接)

jQuery 还提供了专门操作类的方法，包括给元素添加类、删除 CSS 类、切换类以及判断某个类是否存在等常用方法。语法格式见表 3-2。

3.1.2　操作
CSS 类

表 3-2　4 种操作类的方法

| 方法名 | 描述 |
| --- | --- |
| addClass( className) | 给某个元素添加一个或多个 CSS 类 |
| removeClass( className) | 删除某个元素的一个或多个 CSS 类 |
| toggleClass( className) | 来回切换默认样式和一个或多个指定样式 |
| hasClass( className) | 判断元素是否包含指定的类样式 |

表中参数 className 表示为一个或多个 class 类名，如有多个 class 类名，中间用空格隔开。

## 任务描述

使用操作 CSS 类的 4 种方法实现按钮功能，网页初始效果如图 3 – 3 所示。

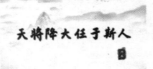

图 3 – 3　操作 CSS 类方法网页初始效果

## 任务实施

### 1. 创建 HTML5 网页

在 Web 站点目录 ch03 文件夹下创建网页 demo3 – 1 – 2. html。HTML 与 CSS 代码片段如下：

```
#div1{width:1100px;height:500px;}
p{text - indent:2em;}
.bg{background:#eee;}
.font1{color:blue;font - size:20px;}
.hide{display:none;}
<h2>操作 css 类</h2>
<input type = "button" value = "addClass()" />
<input type = "button" value = "removeClass()" />
<input type = "button" value = "toggleClass()" />
<input type = "button" value = "hasClass()" />
<h1>句句箴言,品读习近平引用的诗词典故</h1>
<div id = "div1">
```

```
<img src = "img/tu1.jpg" /> <br />
<strong>原句</strong>
<p class = "bg">今天,新时代中国青年处在中华民族发展的最好时期,既面临着难得的建
```
功立业的人生际遇,也面临着"天将降大任于斯人"的时代使命。新时代中国青年要继续发扬五四精神,以实现中华民族伟大复兴为己任,不辜负党的期望、人民期待、民族重托,不辜负我们这个伟大时代。——2019 年 4 月 30 日习近平总书记在纪念五四运动 100 周年大会上的讲话。</p>

```
　　......
</div>
```

## 2. 添加单击事件

通过绑定按钮的单击事件使用操作 CSS 类的 4 种方法。代码如下:

```
$(function(){
    //addclass()
    $('input').eq(0).click(function(){
        $('p').addClass('font1');});
    //removeClass()
    $('input').eq(1).click(function(){
        $('p').removeClass('bg');});
    //toggle()
    $('input').eq(2).click(function(){
        $('img').toggle('hide');});
    //hasClass()
    $('input').eq(3).click(function(){
        alert($('p').hasClass('bg'());});});
```

## 3. 运行网页

在浏览器中预览网页文件,单击 4 个按钮,运行效果如图 3 - 4 所示。

图 3 - 4　四种操作 CSS 类方法页面运行效果

## 任务解析

在上述代码中，单击第 1 个按钮实现为 p 元素添加"font1"样式类；单击第 2 个按钮实现为 p 元素删除"bg"样式类；单击第 3 个按钮实现为 img 元素切换"hide"样式类；单击第 4 个按钮实现判断 p 元素是否包含"bj"类。

### 素质课堂——践行快捷、高效工作理念

当面对需要频繁改变元素样式的任务时，可以借助 jQuery 操作 CSS 样式方法的简洁语法和强大功能，实现动态的样式变化，根据用户的交互行为和页面的状态实时调整元素的样式，实现对网页元素的高效操作。这种能力不仅提升了编程技能，更是对快捷、高效工作理念的生动体现。

在 Web 实际项目开发中，应遵循快捷、高效的理念。例如，在编写代码时，应注重代码的简洁性和可读性，避免冗余和重复，以提高代码的执行效率。这种做法不仅符合编程规范，也体现了对快捷、高效工作理念的认同和追求。

**任务活动 3** **1 + X 实战案例——实现网站品牌列表显示与收起**

## 任务描述

在电商网站或电商 App 的网页设计中，经常会有品牌列表的展示功能，当品牌较多时，会占用部分网页空间，通常会先隐藏部分品牌列表，再通过某元素让用户单击来进行品牌列表的显示与收起。网页效果如图 3-5 和图 3-6 所示。

3.1.3 1 + X 实战案例——网站品牌列表显示与收起

图 3-5 品牌列表网页初始效果

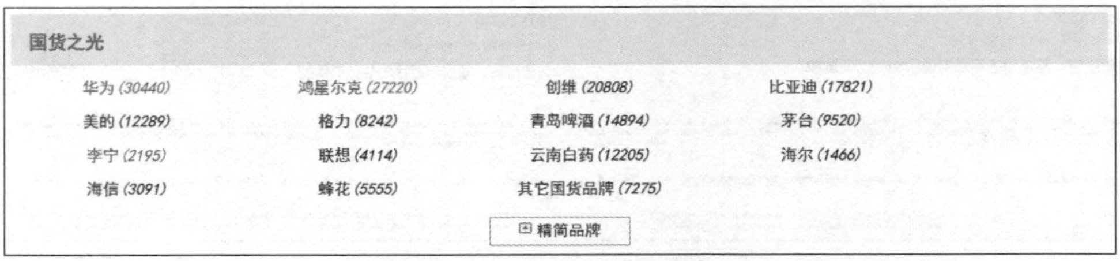

图 3-6 品牌列表网页展开效果

### 1. 创建 HTML5 网页

在 Web 站点目录 ch03 文件夹下创建网页 demo3 – 1 – 3. html。HTML 与 CSS 代码片段如下：

```
< style type = "text/css" >
.box{
    width:948px;
    margin:0 auto;
    text - align:center;
    margin - top:10px;}
.box ul{list - style:none;}
.box ul li{
    display:block;
    float:left;
    width:200px;
    line - height:30px;}
.showmore{
    clear:both;
    text - align:center;
    padding - top:10px;}
.showmore a{
    display:block;
    width:120px;
    margin:0 auto;
    line - height:24px;
    border:1px solid #aaa;}
.showmore a span{
    padding - left:15px;
    background:url(../images/down.gif)no - repeat 0 0;}
.promoted a{color:#f50;}
.head{
    background:#f2f2f2;
    padding:5px;
    height:35px;
    text - align:left;
    margin:5px 0px;}
.head h3{
    color:#666;
    margin - top:10px;
    margin - left:10px;}
```

```
.head h3 span{color:#F60;}
.promoted{color:#f50;}
.hide{display:none! important;}
</style>
<div class="box">
    <div class="head"><h3><span>国货之光</span></h3></div>
    <ul>
        <li><a href="#">华为</a><i>(30440)</i></li>
    <li><a href="#">鸿星尔克</a><i>(27220)</i></li>
    ......
    <li><a href="#">其他国货品牌</a><i>(7275)</i></li>
    </ul>
  <div class="showmore"><a href="#"><span>显示全部品牌</span></a></div>
</div>
```

### 2. 按钮绑定单击事件

为"显示全部品牌"按钮添加单击事件，实现网站品牌列表显示与收起功能。代码如下：

```
$(function(){
    //选择页面中的 li 元素索引值大于 5,但最后一个 li 元素除外
    var $ toggleli = $("ul li:gt(5):not(:last)");
    var n =0;//单击计数器
    //隐藏部分 li 元素
    $ toggleli.addClass('hide');
    $(".showmore a").click(function(){
        //单击时切换 hide 类,以实现部分 li 元素的显示与隐藏
        $ toggleli.toggleClass('hide');
        //判断单击的次数是否为单数
        if( ++n% 2)
        {//修改文本并修改背景样式
         $(".showmore span").text("精简品牌").css("background","url(images/
up.gif)no-repeat 0 0");
        //华为、鸿星尔克和李宁添加类,特殊显示
        $("ul li:contains('华为'),ul li:contains('鸿星尔克'),ul li:contains('李
宁')").addClass("promoted");}
        else
        {$(".showmore span").text("显示全部品牌").css("background","url(images/
down.gif)no-repeat 0 0");
        $("ul li").removeClass("promoted");}
        return false;});});
```

任务解析

在上述代码中，通过 $("ul li:gt(5):not(:last)") 选择页面中的 li 元素索引值大于 5，但最后一个 li 元素除外，页面初始时就将它们隐藏。选中网页中的单击元素 $(".showmore a")，添加单击事件，通过 toggleClass('hide') 方法设置显示与隐藏的切换；再通过判断计数变量 n 的奇偶性，设置不同的提示文本和样式效果。

## 任务 3.2　制作留言板更新效果

使用 jQuery 提供的操作元素属性、获取和设置元素内容方法、获取和设置表单的值、操作元素尺寸以及操作元素的偏移位置实现留言板更新效果。

**任务活动 1　操作元素属性**

知识链接

元素的属性是指当前元素节点属性，常用的属性有 src、href 和表单元素的 type、value，标识元素状态的 checked、disabled 等。jQuery 提供了 attr() 方法对元素本身的属性进行操作，包括获取属性值、修改属性值和删除属性，语法格式见表 3 - 3。

3.2.1　操作元素属性

表 3 - 3　操作元素属性 attr() 方法

| 方法名 | 描述 |
| --- | --- |
| attr(attributeName) | 获取某个元素 attributeName 属性的属性值 |
| attr(attributeName, value) | 设置某个元素 attributeName 属性的属性值 |
| attr({attributeName 1: value1, attributeName 2: value2, …}) | 设置某个元素多个 attributeName 属性的属性值 |
| attr(attributeName, function(index, value)) | 通过 fn 设置某个元素 attributeName 属性的属性值 |
| removeAttr((attributeName) | 删除某个元素 attributeName 的属性 |
| prop(attributeName) | 获取某个元素 attributeName 属性的属性值 |
| prop(attributeName, value) | 设置某个元素 attributeName 属性的属性值 |
| prop({attributeName 1: value1, attributeName 2: value2, …}) | 设置某个元素多个 attributeName 属性的属性值 |
| prop(attributeName, function(index, value)) | 设置某个元素 attributeName 通过 fn 来设置 |

表中参数 attributeName 表示属性名，value 表示属性值；{attributeName1: value1, attributeName2: value2, …} 表示属性名值对构成的对象，可以对多个属性进行设置；function(index, value) 表示函数返回值作为新的属性值，该函数接收当前元素的索引位置和当前元素旧的属性值作为参数。

attr( ) 和 prop( ) 方法都可以用来设置元素属性，但是它们获取表单控件的状态属性的返回值不同。建议获取和设置表单元素 checked、selected 或 disabled 状态属性时使用 prop( ) 方法，其他的情况使用 attr( ) 方法。

**任务描述**

使用操作元素属性的 attr( ) 方法实现按钮单击文字的功能，网页初始效果如图 3-7 所示。

**任务实施**

### 操作元素的属性

| 获取属性 | 设置属性 | 删除属性 |

宝剑锋从磨砺出

图 3-7　attr( ) 方法网页初始效果

**1. 创建 HTML5 网页**

在 Web 站点目录 ch03 文件夹下创建网页 demo3-2-1.html。代码片段如下：

```
<h2 >操作元素的属性 </h2 >
< input type = "button" value = "获取属性" />
< input type = "button" value = "设置属性" />
< input type = "button" value = "删除属性" />
<br/>
< input type = "text" placeholder = "宝剑锋从磨砺出" />
```

**2. 绑定单击事件**

通过绑定按钮的单击事件实现获取、设置和删除文本框 placeholder 属性。代码如下：

```
$(function(){
    //获取属性
    $('input').eq(0).click(function(){
        console.log( $('input[type ="text"]').attr('placeholder'();});
    //设置属性
    $('input').eq(1).click(function(){
        $('input[type ="text"]').attr('placeholder','梅花香自苦寒来');});
    //删除属性
    $('input').eq(2).click(function(){
        $('input[type ="text"]').removeAttr('placeholder');});});
```

**3. 运行网页**

在浏览器中预览网页文件，单击 3 个按钮，运行效果如图 3-8 所示。

图 3-8　操作元素属性 attr( ) 方法页面运行效果

## 任务解析

在上述代码中，第1个按钮单击事件的 attr( ) 方法中包含1个参数，实现获取文本框中的"placeholder"属性；第2个按钮单击事件的 attr( ) 方法中包含2个参数，实现设置文本框的"placeholder"属性值为"梅花香自苦寒来"；第3个按钮单击事件的 removeAttr( ) 方法包含"placeholder"参数，实现删除文本框中的"placeholder"属性。

### 素质课堂——养成良好编程习惯

在编程实践中，一定要养成书写注释的习惯，源程序有效注释量必须在 20% 以上，但注意不可过多地使用注释，以免喧宾夺主。在团队协作中，注释是一种有效的沟通方式，扮演着至关重要的角色。通过注释，可以将代码的功能、目的及实现逻辑清晰地传达给团队成员，降低沟通成本，提高开发效率。这种用注释沟通不仅是一种技术技能的体现，更是一种职业素养的展现，有助于培养团队意识和合作精神。

```
// 正确的注释
// 因为用户可能会输入负数，所以在加法前进行检查
if (number < 0) {
  throw new Error('Number must be positive');
}


// 错误的注释
// 检查数字是否小于0
if (number < 0) {
  throw new Error('Number must be positive');
}
```

### 任务活动2 获取和设置元素内容方法

## 知识链接

jQuery 提供了 html( ) 和 text( ) 方法来操作元素内容。html( ) 方法可以获取或设置元素 html 内容，text( ) 方法可以获取或设置文本内容，语法格式见表 3–4。

3.2.2 获取和设置元素内容方法

表 3–4 html( ) 和 text( ) 方法

| 方法名 | 描述 |
| --- | --- |
| html( ) | 获取元素中的 HTML 内容 |
| html( htmlString) | 设置元素中的 HTML 内容 |
| text( ) | 获取元素中的文本内容 |
| text( textString) | 设置元素中的文本内容 |

当 html( ) 方法不包含参数时，表示以字符形式读取指定元素的所有 HTML 结构。当 html( ) 方法包含参数 htmlString 时，表示向指定元素写入 HTML 结构字符串，同时会覆盖该节点原来包含的所有内容。

当 text( ) 方法不包含参数时，表示以字符形式读取指定元素的所有文本内容。当 text( ) 方法包含参数时，表示向指定元素写入文本字符串，同时会覆盖该节点原来包含的所有内容。

**任务描述**

使用 html( ) 和 text( ) 方法获取和设置元素的内容来实现按钮功能，网页初始效果如图 3 - 9 所示。

图 3 - 9　获取和设置元素内容方法网页初始效果

**任务实施**

### 1. 创建 HTML5 网页

在 Web 站点目录 ch03 文件夹下创建网页 demo3 - 2 - 2. html。HTML 片段如下：

```
< h2 >获取和设置元素内容 </h2 >
< input type = "button" value = "html()"/>
< input type = "button" value = "text()"/>
< input type = "button" value = "html(htmlString)"/>
< input type = "button" value = "text(textString)"/>
< p > < em >一个人必须经过一番刻苦奋斗,才会有所成就。———安徒生 </em > </p >
```

### 2. 绑定单击事件

使用 html( ) 和 text( ) 方法绑定按钮单击事件，获取和设置 p 元素的内容。代码如下：

```
$ (function(){
        $ ('input').eq(0).click(function(){alert( $ ('p').html());});
        $ ('input').eq(1).click(function(){alert( $ ('p').text());});
        $ ('input').eq(2).click(function(){ $ ('p').html('< strong >不经一番寒
彻骨,怎得梅花扑鼻香 </strong >');});
        $ ('input').eq(3).click(function(){ $ ('p').text('< strong >不经一番寒
彻骨,怎得梅花扑鼻香 </strong >');});});
```

### 3. 运行网页

在浏览器中预览网页文件，单击 4 个按钮，运行效果如图 3 - 10 所示。

图 3-10　使用 html() 和 text() 方法页面运行效果

## 任务解析

在上述代码中，html() 方法可以对 p 元素内部的 HTML 结构进行获取与设置。text() 方法仅仅是对 p 元素内部的纯文本进行获取与设置，它不能读取 p 元素内部的 HTML 标签结构，同样，在设置 p 元素内容时，也无法让浏览器解析设置的 HTML 标签文本。

### 任务活动 3　获取和设置表单的值

## 知识链接

jQuery 使用 val() 方法读写指定表单对象包含的值。当 val() 方法不包含参数调用时，表示将读取指定表单元素的值。当 val() 方法包含参数时，表示向指定元素写入值，语法格式见表 3-5。

3.2.3　获取和设置表单的值的方法

表 3-5　val() 方法

| 方法名 | 描述 |
| --- | --- |
| val() | 获取表单元素中的值 |
| val(value) | 设置表单元素的值 |
| val(function(index, value) { }) | 通过匿名函数设置表单元素的值 |

表中包含参数 value 的 val() 方法表示以文本字符或字符串形式的数组来设定每个匹配元素的值。包含参数 function(index, value) 的 val() 方法表示将函数返回值作为表单元素值。

## 任务描述

使用 val() 方法获取和设置表单值来实现按钮单击事件功能，网页初始效果如图 3-11 所示。

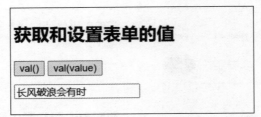

图 3－11　获取和设置表单值的方法网页初始效果

## 任务实施

### 1. 创建 HTML5 网页

在 Web 站点目录 ch03 文件夹下创建网页 demo3－2－3.html。代码片段如下：

```
<h2 >获取和设置表单的值 </h2 >
< input type = "button" value = "val()"/>
< input type = "button" value = "val(value)"/>
<br/>
< input type = "text" value = "长风破浪会有时"/>
```

### 2. 绑定按钮单击事件

通过绑定按钮的单击事件，获取与设置文本框的值。代码如下：

```
$ (function(){
//val()
$ ('input').eq(0).click(function(){alert( $ ('input[type = "text"]').val());});
//val(value)
$ ('input').eq(1).click(function(){ $ ('input[type = "text"]').val('直挂云帆济沧
海');});});
```

### 3. 运行网页

在浏览器中预览网页文件，单击 2 个按钮，运行效果如图 3－12 所示。

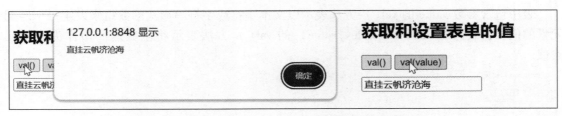

图 3－12　使用 val( ) 方式获取和设置表单的值

**任务解析**

在上述代码中，不含参数的 val( ) 方法获取文本框的 value 属性值，包含参数 value 的 val( ) 方法是将 value 值设置为表单内容。

**任务活动4　操作元素尺寸**

**知识链接**

3.2.4　操作
元素尺寸

**1. width( ) 和 height( ) 方法**

元素尺寸的操作是 Web 开发中常用的功能之一，例如登录框的拖曳特效、图片的放大效果。jQuery 提供了 width( ) 和 height( ) 方法读写元素的宽度和高度，语法格式见表 3 – 6。

表 3 – 6　width( ) 和 height( ) 方法

| 方法名 | 描述 |
| --- | --- |
| width( ) | 获取某个元素的长度 |
| width( value ) | 设置某个元素的长度 |
| width( function( index , width) ｛｝) | 通过匿名函数设置某个元素的长度 |
| height( ) | 获取某个元素的高度 |
| height( value ) | 设置某个元素的高度 |
| height( function( index , width) ｛｝) | 通过匿名函数设置某个元素的高度 |

表中包含参数 value 的 width( ) 和 height( ) 方法表示设置元素宽度和高度值。包含参数 function( index, width) 的 width( ) 和 height( ) 方法将函数返回值设置为元素宽度和高度，该函数接收元素的索引位置和元素旧的调试值作为参数。

**2. innerWidth( ) 、outerWidth( ) 、innerHeight( ) 和 outerHeight( )**

在 width( ) 与 height( ) 方法的基础上，jQuery 还定义了一些方法来获取元素的边框或内外边距，语法格式见表 3 – 7。

表 3 – 7　操作元素边框和内外边距的方法

| 方法名 | 描述 |
| --- | --- |
| innerWidth( ) | 获取元素宽度，包含内边距 padding |
| outerWidth( ) | 获取元素宽度，包含边框 border 和内边距 padding |
| outerWidth( ture ) | 获取元素宽度，包含边框 border、内边距 padding 和外边距 margin |
| innerHeight( ) | 获取元素高度，包含内边距 padding |
| outerHeight( ) | 获取元素高度，包含边框 border 和内边距 padding |
| outerHeight( true ) | 获取元素高度，包含边框 border、内边距 padding 和外边距 margin |

图 3 – 13　操作元素尺寸的
方法网页初始效果

## 任务描述

使用操作元素尺寸方法实现按钮单击事件功能，网页初始效果如图 3 – 13 所示。

## 任务实施

### 1. 创建 HTML5 网页

在 Web 站点目录 ch03 文件夹下创建网页 demo3 – 2 – 4. html。HTML 与 CSS 代码片段如下：

```html
< style type = "text/css" >
    div{
     width:400px;
     height:400px;
     border:1px solid #000000;
     background:#DDDDDD;
     padding:10px;
     margin:30px;}
</style >
<body >
 <h2 >操作元素的尺寸 </h2 >
 < input type = "button" value = "width()"/>
 < input type = "button" value = "width(value)"/>
 < input type = "button" value = "其他方法"/>
 < div >
     < img src = "img/dong.jpg"  />
 </div >
</body >
```

### 2. 绑定按钮单击事件

绑定按钮的单击事件，演示操作元素尺寸方法的使用。代码如下：

```javascript
$(function(){
    //width()
    $('input').eq(0).click(function(){
        alert( $('div').width());});
    //width(value)
    $('input').eq(1).click(function(){
        $('div').width(600)});
    //其他方法
```

```
$('input').eq(2).click(function(){
    console.log("innerWidth():" + $('div').innerWidth());
    console.log("outerWidth():" + $('div').outerWidth());
    console.log("outerWidth(true):" + $('div').outerWidth(true));  });
});
```

**3. 运行网页**

在浏览器中预览网页文件，单击 3 个按钮，运行效果如图 3 – 14 所示。

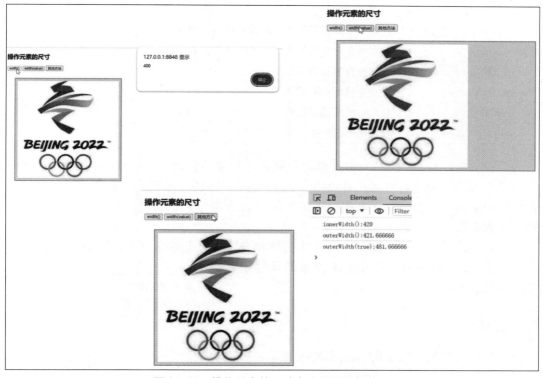

图 3 – 14　操作元素的尺寸方法页面运行效果

（任务解析）

在上述代码中，按钮 1 单击事件中不包含参数的 width( ) 方法获取 div 元素宽度值。按钮 2 单击事件中包含数值参数 600 的 width( ) 方法设置 div 元素的宽度值为 600 px。按钮 3 单击事件的 innerWidth( ) 方法获取元素宽度 + 内边距宽度，outerWidth( ) 方法获取元素宽度 + 内边距宽度 + 边框宽度，outerWidth(true) 获取元素宽度 + 内边距宽度 + 边框宽度 + 外边距宽度。

3.2.5 操作
元素的位置

| 任务活动5 | 操作元素的偏移位置 |
|---|---|

**知识链接**

在 DOM 中使用 offsetLeft 和 offsetTop 属性可以获取元素的最近偏移
位置。jQuery 提供了操作元素偏移位置以及获取和设置滚动条位置的方
法。语法格式见表3-8。

表3-8　操作元素偏移位置的方法

| 方法名 | 描述 |
|---|---|
| offset( ) | 获取某个元素相对于当前视口的偏移位置 |
| position( ) | 获取某个元素相对于父元素的偏移位置 |
| scrollTop( ) | 获取垂直滚动条的值 |
| scrollTop( value) | 设置垂直滚动条的值 |
| scrollLeft( ) | 获取水平滚动条的值 |
| scrollLeft( value) | 设置水平滚动条的值 |

表中 offset( ) 与 position( ) 方法都将返回一个对象，包括 top 和 left 两个属性，分别表
示元素的顶部偏移和左侧偏移。offset( ) 与 position( ) 方法的区别是，前者获取元素相对于
当前窗口的偏移；后者获取元素相对于父元素（含有定位）的偏移。注意，这两种方法仅
对可见元素有效。

表中 scrollTop( ) 和 scrollLeft( ) 方法获取和设置指定元素滚动条的垂直偏移和水平偏
移，当含有 value 参数时，将元素滚动条的垂直偏移和
水平偏移设为 value。

**任务描述**

使用操作元素偏移位置的方法实现按钮单击事件功
能，网页初始效果如图3-15所示。

**任务实施**

**1. 创建 HTML5 网页**

在 Web 站点目录 ch03 文件夹下创建网页 demo3-
2-5. html。HTML 与 CSS 代码片段如下：

图3-15　操作元素偏移位置方法的
网页初始效果

```
<style type = "text/css">
  div{
    width:500px;
    height:1000px;
    border:1px solid #000000;
```

```
        background:#DDDDDD;
        position:relative;}
    div > img{
        position:absolute;
        left:150px;
        top:50px;}
    </style>
<body>
    <h2 >操作元素的位置 </h2 >
    < input type = "button" value = "offset()与 position()"/>
    < input type = "button" value = "scrollTop(value)"/>
    <div >
        < img src = "img/bing.jpg"   />
    </div >
</body >
```

**2. 绑定按钮的单击事件**

使用 offset( ) 方法和 position( ) 方法获取图片的位置，使用 scrollTop( ) 方法设置垂直滚动条的位置，并定义窗口滚动事件。代码如下：

```
$(function(){
    //offset()与 position()
    $('input').eq(0).click(function(){
        console.log($('img').offset());
        console.log($('img').position());  });
    //窗口滚动事件,测试 scrollTop()方法
    $(window).scroll(function(){
        console.log($(document).scrollTop());});
    //scrollTop(value)
    $('input').eq(1).click(function(){
        $(document).scrollTop(100);});});
```

**3. 运行网页**

在浏览器中预览网页文件，单击 2 个按钮和滚动窗口，运行效果如图 3 – 16 ~ 图 3 – 18 所示。

图 3 – 16　单击按钮 1 页面运行效果

图 3-17 单击按钮2页面运行效果

图 3-18 窗口滚动页面运行效果

## 任务解析

在上述代码中，按钮1单击事件 offset( ) 方法获取图片相对于当前视口的偏移位置，position( ) 方法获取图片相对于父元素的偏移位置。如图 3-16 所示，控制面板的第1行和第2行输出的是 offset( ) 函数返回对象的 left 为相对当前窗口的水平方向的偏移像素值，top 为相对当前窗口的垂直方向的偏移像素值；第3行和第4行输出的 position( ) 方法函数返回对象的 left 为相对父元素的水平方向的偏移像素值，top 为相对父元素的垂直方向的偏移像素值。

按钮2按钮单击事件含有1个 value 参数的 scrollTop( ) 方法设置垂直滚动条的位置。定义窗口滚动事件使用不含参数的 scrollTop( ) 方法获取垂直滚动条的值。

**任务活动 6**　**1 + X 实战案例——制作留言板更新效果**

## 任务描述

在网站建设中，经常会有留言板功能。用户在留言区域输入用户名与留言内容，单击"单击这里提交留言"按钮，可将"昵称"与"留言内容"输入框的内容更新到留言板区域。当"昵称"与"留言内容"输入框为空时，"单击这里提交留言"按钮为不可用状态；当留言内容超出留言板高度时，留言内容板块能向下滚动。网页效果如图 3-19 和图 3-20 所示。

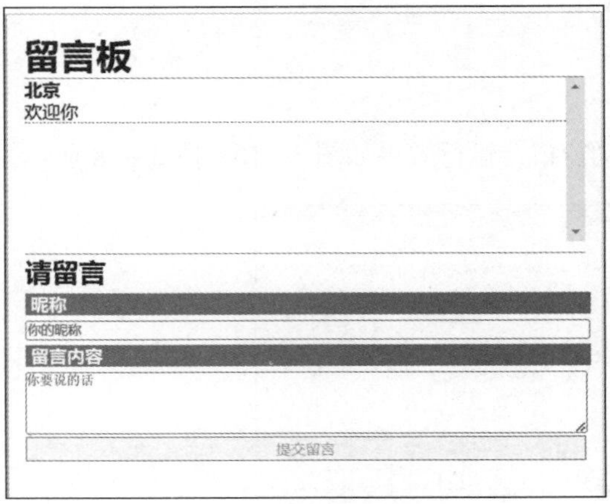

3.2.6　1 + X 实战案例——制作留言板更新效果

图 3-19　留言板网页初始效果

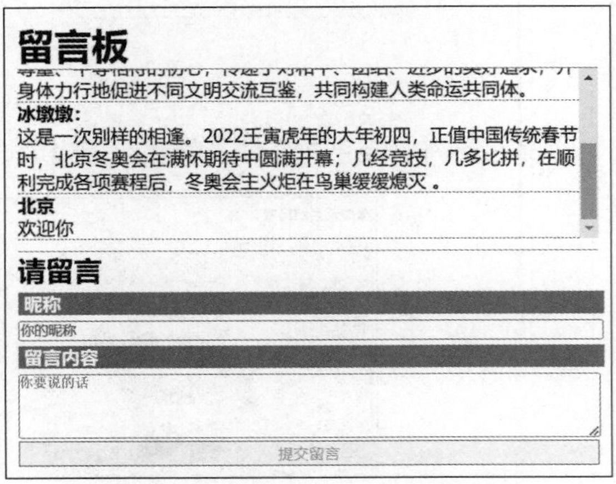

图 3-20　留言板网页发表留言后效果

## 任务实施

### 1. 创建 HTML5 网页

在 Web 站点目录 ch03 文件夹下创建网页 demo3 – 2 – 6. html。HTML 与 CSS 代码片段如下：

```
body{
    padding:15px;
    font - size:16px;
    width:500px;
    background - color:#fff;
    height:100%;
    font - family:Tahoma;
    border - left:20px solid #ccc;}
ul{
    list - style:none;
    border - top:1px solid #999;
    height:150px;
    overflow - x:auto;
    overflow - y:scroll;}
span{
    font - weight:bolder;
    font - size:16px;}
li{
    border - bottom:1px dashed #666;
    line - height:20px;}
form{
    margin - top:10px;
    border - top:1px solid #999;}
label{
    display:block;
    line - height:20px;
    font - weight:bolder;
    cursor:pointer;
    background - color:#999;
    color:#fff;
    margin:5px 0;
    padding - left:5px;
    width:100%;}
.message,.name{
    width:100%;
    font - size:12px;
```

```
        outline-color:#39C;}
.btn{
        display:block;
        margin-top:3px;
        border:1px solid #666;
        padding:2px 5px;
        width:100%;}
</style>
<body>
        <h1>留言板</h1>
        <ul>
                <li>
                        <span>北京</span>
                        <p>欢迎你</p>
                </li>
        </ul>
        <form method="post">
                <h2>请留言</h2>
                <label for="Name">昵称</label>
                <input type="text" name="Name" class="name" placeholder="你的昵
称"/>
                <label for="Content">留言内容</label>
                <textarea name="Content" class="message" rows="4" placeholder="你要
说的话"></textarea>
                <input class="btn" type="button" value="提交留言" disabled=true/>
        </form>
        </body>
```

### 2. 编写"提交留言"按钮单击事件

使用 jQuery 操作元素属性 attr( ) 方法、获取和设置表单内容以及设置元素垂直滚动值方法实现留言板更新功能。代码如下：

```
$(function(){
        var $name = $('.name');
        var $message = $('.message');
        var $btn = $('.btn');
        //设置按钮是否可用
        $('.name,.message').keydown(function(){
                if(!$name.val &&!$message.val())
                        $btn.attr('disabled',false);
                else
                        $btn.attr('disabled',true);});
        $btn.click(function(){
```

```
//设置留言板中内容
var htmltxt = '<li><span>' + $ name.val() + ':</span><p>' + $ mes-
sage.val() + '</p></li>' + $('ul').html();
    $('ul').html(htmltxt);
    $("ul").scrollTop($("body").outerHeight());
//恢复为初态状态
$ name.val('');
$ message.val('');
$ btn.attr('disabled',true);});});});
```

**任务解析**

在上述代码中，监听"昵称"和"留言内容"文本框的键盘 keydown 事件，两个文本框非空时，修改"提交留言"按钮的 disabled 属性为 true，按钮可用；两个文本框有 1 个为空时，"提交留言"按钮的 disabled 属性为 false，按钮不可用。

当"提交留言"按钮可用时，通过 $ name.val() 和 $ message.val() 方法分别获取"昵称"和"留言内容"文本框的值，通过字符串的拼接设置留言更新内容，再使用 html() 方法将拼接留言内容设置为留言区域"ul"元素的内容。当留言内容超出留言板高度时，使用 scrollTop() 方法设置垂直滚动条位置，使留言内容板块向下滚动偏移。

## 任务 3.3　制作列表的增删与移动效果

在 Web 开发中，经常需要动态地操作 DOM 节点，如创建节点、插入节点、删除节点等。使用 jQuery 操作 DOM 节点的方法制作列表的增删与移动效果。

**任务活动 1　创建和插入节点**

**知识链接**

在 DOM 操作中，常常需要动态地创建节点，使文档在浏览器中呈现出不同的效果。创建的节点包括元素、文本和属性，JavaScript 需要使用 document 对象的方法进行编写，代码量大且麻烦。jQuery 用一种简易的方法代替烦琐的操作，简化了 Web 开发的难度和门槛。

3.3.1　创建和插入节点

**1. 创建 DOM 节点**

jQuery 使用构造函数 $() 创建元素对象，语法格式如下：

```
$(htmlstring)
```

当 $() 函数的 htmlstring 参数为 HTML 代码时，该函数会根据参数中的标签代码创建一个 DOM 对象，并将该 DOM 对象包装为 jQuery 对象返回。

```
var $ div1 = $('<div></div>');          //创建一个节点
var $ div2 = $('<div>div</div>');        //创建一个带本文的节点
var $ div3 = $('<div class="c1">div</div>');//创建一个带文本与属性的节点
```

### 2. 插入节点方法

动态地创建节点是为了插入 HTML 文档中。jQuery 提供了在元素内部插入节点的方法（表 3 –9）和在元素外部插入节点的方法（表 3 –10），极大地方便了用户操作。

表 3 –9　在元素内部插入节点的方法

| 方法名 | 描述 |
| --- | --- |
| append(content) | 向指定元素的内部后面插入节点 content |
| appendTo(content) | 将指定元素移入指定节点 content 内部的后面 |
| prepend(content) | 向指定元素的内部前面插入 content 节点 |
| prependTo(content) | 将指定元素移入指定元素 content 内部的前面 |

表 3 –10　在元素外部插入节点的方法

| 方法名 | 描述 |
| --- | --- |
| after(content) | 向指定元素的外部后面插入节点 content |
| insertAfter(content) | 将指定节点移到指定元素 content 外部的后面 |
| before(content) | 向指定元素的外部前面插入节点 content |
| insertBefore(content) | 将指定节点移到指定元素 content 外部的前面 |

表中 content 参数可以是一个元素、HTML 字符串或者 jQuery 对象，也可以是一个返回 HTML 字符串的函数 function(index,html){}。

注意：jQuery 为元素绑定事件时，经常使用 bind() 方法或者 click() 方法，但这只能为页面已经加载好的元素绑定事件。如果为动态添加的元素绑定事件，就需要用 on() 方法。

### 任务描述

使用创建和插入节点的方法实现按钮单击事件的功能，网页初始效果如图 3 –21 所示。

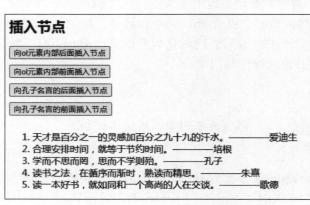

图 3 –21　创建和插入节点的方法网页初始效果

## 任务实施

### 1. 创建 HTML5 网页

在 Web 站点目录 ch03 文件夹下创建网页 demo3 – 3 – 1. html。HTML 代码片段如下:

```
<h2>创建和插入节点</h2>
<input type = "button" value = "向 ol 元素内部后面插入节点"/> <br/>
<input type = "button" value = "向 ol 元素内部前面插入节点"/> <br/>
<input type = "button" value = "向孔子名言的后面插入节点"/> <br/>
<input type = "button" value = "向孔子名言的前面插入节点"/> <br/>
<ol>
        <li>天才是百分之一的灵感加百分之九十九的汗水。——爱迪生</li>
        ......
</ol>
```

### 2. 绑定按钮单击事件

使用创建和插入节点的方法绑定按钮单击事件实现名人名言的内容更新效果。代码如下:

```
$(function(){
    //生成节点
    var $li = $('<li>盛年不重来,一日难再晨,及时宜自勉,岁月不待人——陶渊明</li>');
    //1. 向 ol 元素内部后面插入节点
    $('input').eq(0).click(function(){
        //测试 append(content)
        $('ol').append( $li);
        //测试 appendTo(content)
        // $li.appendTo( $('ol'));  });
    //2. 向 ol 元素内部前面插入节点
    $('input').eq(1).click(function(){
        //测试 prepend(content)
        $('ol').prepend( $li);
        //测试 prependTo(content)
        // $li.prependTo( $('ol'));});
    //3. 向孔子名言的后面插入节点
    $('input').eq(2).click(function(){
        //测试 after(content)
        $('li:contains("孔子")').after( $li);
        //测试 insertAfter(content)
        // $li.insertAfter( $('li:contains("孔子")'));});
    //4. 向孔子名言的前面插入节点
    $('input').eq(3).click(function(){
```

```
//测试 before(content)
$('li:contains("孔子")').before( $ li);
//测试 insertBefore(content)
// $ li.insertBefore( $('li:contains("孔子")'));  });  });
```

**3. 运行网页**

在浏览器中预览网页文件，单击 4 个按钮，运行效果如图 3 - 22 所示。

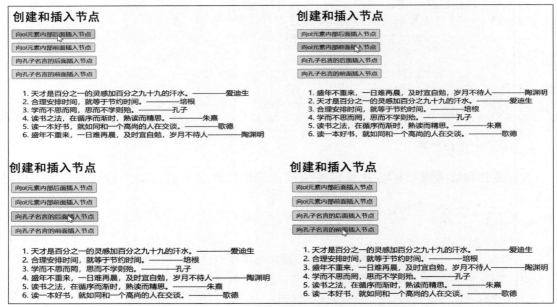

图 3 -22　向元素内部和外部插入节点网页运行效果

**任务解析**

在上述代码中，通过构造函数 $（' < li > </li > '）创建节点 li，然后使用 append（）方法或 appendTo（）方法将 li 节点插入 ol 元素内部的后面，只是注意调用这两个方法的对象不同。prepend（）方法和 prependTo（）方法是插入子节点的方法，可以将新生成的 li 节点插入 ol 元素内部的前面。

兄弟节点的插入方法有 after（）方法和 insertAfter（）方法，将新创建的 li 节点插入兄弟节点"孔子"名言节点的后面。before（）方法和 insertBefore（）方法是将新创建的 li 节点插入"孔子"名言节点的前面。

**任务活动 2**　删除节点

**知识链接**

3.3.2　删除节点

在网页开发中，有时需要动态删除某个节点。通过 jQuery 提供的删除节点方法很容易实现。jQuery 定义了三个删除节点的方法，语法格式见表 3–11。

表 3–11　删除节点的方法

| 方法名 | 描述 |
| --- | --- |
| remove([**selector**]) | 从 DOM 中删除所有匹配的元素 |
| detach([**selector**]) | 从 DOM 中删除所有匹配的元素 |
| empty() | 删除匹配的元素集合中所有的子节点 |

表中，selector 参数表示一个选择表达式用来过滤匹配将被移除的节点，该参数可选。remove() 和 detach() 都是删除节点，删除后本身方法可以返回当前被删除的元素对象，但区别在于前者再恢复时不保留节点事件行为，后者则保留。

**任务描述**

使用删除节点的方法实现按钮单击事件的功能，比较这三种删除元素方法的区别，网页初始效果如图 3–23 所示。

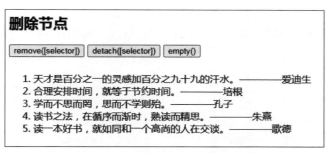

图 3–23　删除节点的方法网页初始效果

**任务实施**

### 1. 创建 HTML5 网页

在 Web 站点目录 ch03 文件夹下创建网页 demo3–3–2.html。HTML 代码片段如下：

```
<h2>删除节点</h2>
<input type="button" value="remove([selector])"/>
<input type="button" value="detach([selector])" />
<input type="button" value="empty()"/>
<ol>
    <li>天才是百分之一的灵感加百分之九十九的汗水。——爱迪生</li>
    ......
</ol>
```

**2. 绑定按钮单击事件**

使用 remove( )、detach( ) 和 empty( ) 方法绑定按钮单击事件实现删除名人名言效果。代码如下：

```
$(function(){
    $('li').click(function(){alert($(this).text());})
    //1.remove([selector])
    $('input').eq(0).click(function(){
        $('li:contains("爱迪生")').remove().appendTo($('ol'));});
    //2.detach([selector])
    $('input').eq(1).click(function(){
        // $('li:contains("爱迪生")').detach().appendTo($('ol'));  });
    //3.empty()
    $('input').eq(2).click(function(){
        $('li:contains("爱迪生")').empty();});  });
```

**3. 运行网页**

在浏览器中预览网页文件，单击 3 个按钮，运行效果如图 3 – 24 ~ 图 3 – 26 所示。

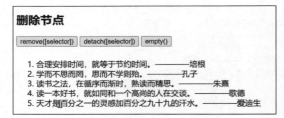
图 3 – 24　单击按钮 1 后单击爱迪生 li 节点效果

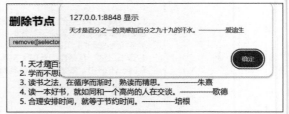
图 3 – 25　单击按钮 2 后单击爱迪生 li 节点效果

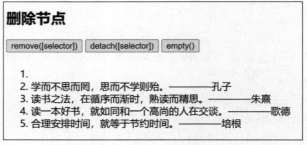
图 3 – 26　单击按钮 3 后网页效果

任务解析

在上述代码中，remove( ) 方法与 detach( ) 方法都可以删除爱迪生名言的 li 节点，不同的是，在删除 li 节点后再恢复时，detach( ) 方法保留了 li 节点原来的单击事件功能，remove( )

方法没有保留。使用 empty( ) 只是清空了爱迪生名言的 li 节点的文本内容，li 节点结构还在网页中。

### 素质课堂——培养对用户负责的工作态度

在 Web 开发过程中，当程序出现错误时，程序员有责任提供清晰、准确、有用的错误信息，以帮助用户或同事快速定位和解决问题。

提供有用的错误信息，要求程序员在编写代码时，有预见性地考虑可能出现的错误情况，并为之设计合理的错误处理机制。这既包括对错误的准确识别，也包括对错误原因的深入分析和解释。只有这样，用户或同事在接收到错误信息时，才能够快速理解问题的本质，并采取相应的措施进行修复。提供有用的错误信息，不仅有助于提升产品的质量和用户体验，更体现了程序员对用户负责、对工作负责的态度。

**任务活动 3**　复制和替换节点

**知识链接**

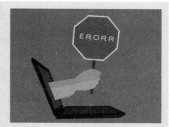

3.3.3　复制和
替换节点

**1. 复制节点**

在网页开发中，复制和替换节点是 DOM 的常见操作，jQuery 提供了 clone( ) 方法来复制节点。语法格式见表 3 – 12。

表 3 – 12　clone( ) 方法

| 方法名 | 描述 |
| --- | --- |
| clone( [ **boolean** ] ) | 从 DOM 中复制所有匹配的元素 |

参数 boolean 表示一个布尔值，可选，参数为空，使用默认值 false，表示只复制元素和内容，不复制节点事件行为；当值为 true 时，复制节点事件行为。

**2. 替换节点**

jQuery 提供了 replacWith( ) 和 repaceAll( ) 方法用于替换节点，语法格式见表 3 – 13。

表 3 – 13　替换节点方法

| 方法名 | 描述 |
| --- | --- |
| replaceWith( ) | 将所有匹配的元素替换成指定的 HTML 元素或 DOM 元素 |
| replaceAll( selector ) | 用匹配的元素替换所有 selector 匹配的元素 |

表 3 – 13 中两个方法的作用是一样的，只是语法格式不同。如果将 A 元素替换成 B 元素，可以写成 A. replaceWith( B ) 或 B. replaceAll( A )。注意，如果在替换之前被替换的元素已绑定事件，替换后绑定的事件将消失，需要重新绑定事件。

任务描述

使用复制和替换节点方法实现按钮单击事件功能，网页初始效果如图 3 – 27 所示。

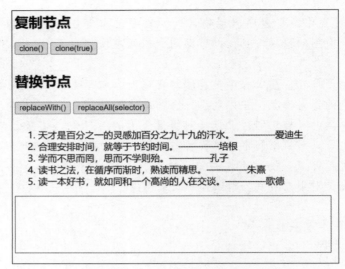

图 3 – 27　复制和替换节点的方法网页初始效果

任务实施

**1. 创建 HTML5 网**

在 Web 站点目录 ch03 文件夹下创建网页 demo3 – 3 – 3. html。HTML 和 CSS 代码片段如下：

```
input{margin-bottom:10px;}
ul{width:500px;height:200px;border:1px solid #000;}
    <h2>复制节点</h2>
<input type="button" value="clone()"/>
<input type="button" value="clone(true)"/>
<h2>替换节点</h2>
<input type="button" value="replaceWith()"/>
<input type="button" value="replaceAll(selector)"/>
<ol>
        <li>天才是百分之一的灵感加百分之九十九的汗水。——爱迪生</li>
    ......
</ol>
```

**2. 绑定按钮单击事件**

使用 clone( ) 方法、replaceWith( ) 方法和 replaceAll( ) 方法绑定按钮单击事件，实现更新名人名言列表效果。代码如下：

```
$(function(){
    $('li').click(function(){alert($(this).text());})
    //1. 测试 clone()
    $('input').eq(0).click(function(){
    $('li:contains("爱迪生")').clone().appendTo($('ul'));});
    //2. 测试 clone(true)
    $('input').eq(1).click(function(){
    $('li:contains("培根")').clone(true).appendTo($('ul'));});
    //3. 测试 replaceWith()
    $('input').eq(2).click(function(){
    $('li:contains("歌德")').replaceWith($('<li>千里之行,始于足下。————老
子</li>'));  });
    //4. replaceAll(selector)
    $('input').eq(3).click(function(){
    $('<li>千里之行,始于足下。————老子</li>').replaceAll($('li:contains
("培根")'));});});});
```

**3. 运行网页**

在浏览器中预览网页文件，单击 4 个按钮，运行效果如图 3-28～图 3-31 所示。

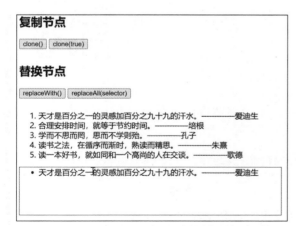

图 3-28 按钮 1 单击复制节点无弹窗效果

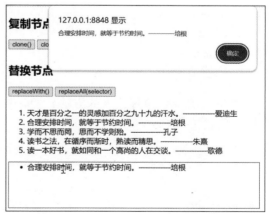

图 3-29 按钮 2 单击复制节点有弹窗效果

**复制节点**

| clone() | clone(true) |

**替换节点**

| replaceWith() | replaceAll(selector) |

1. 天才是百分之一的灵感加百分之九十九的汗水。————爱迪生
2. 合理安排时间，就等于节约时间。————培根
3. 学而不思则罔，思而不学则殆。————孔子
4. 读书之法，在循序而渐时，熟读而精思。————朱熹
5. 千里之行，始于足下。————老子

图 3-30　按钮 3 单击替换节点无弹窗效果

**复制节点**

| clone() | clone(true) |

**替换节点**

| replaceWith() | replaceAll(selector) |

1. 天才是百分之一的灵感加百分之九十九的汗水。————爱迪生
2. 千里之行，始于足下。————老子
3. 学而不思则罔，思而不学则殆。————孔子
4. 读书之法，在循序而渐时，熟读而精思。————朱熹
5. 读一本好书，就如同和一个高尚的人在交谈。————歌德

图 3-31　按钮 4 单击替换节点无弹窗效果

**任务解析**

在上述代码中，按钮 1 单击事件使用无参 clone（）方法表示只能复制"爱迪生"名言 li 的元素和内容。按钮 2 单击事件使用参数为 true 的 clone（）方法表示不但可以复制"爱迪生"名言 li 元素和内容，还复制了该元素附带的单击事件。按钮 3 单击事件使用 replaceWith（）方法实现"老子"名言的 li 节点替换"歌德"名言的 li 节点。按钮 4 单击事件使用 replaceAll（）方法实现"老子"名言的 li 节点替换"培根"名言的 li 节点。注意，replaceWith（）和 replaceAll（）方法功能相同，只是调用的对象不同。

**任务活动 4　包裹和遍历节点**

**知识链接**

3.3.4　包裹和
遍历节点

**1. 包裹节点**

DOM 没有提供包裹元素的方法，jQuery 提供了包裹节点的方法和解除包裹的方法，语法格式见表 3-14。

表 3-14　包裹和解除包裹节点的方法

| 方法名 | 描述 |
|---|---|
| wrap（content） | 向指定元素包裹一层节点 content |
| wrapInner（content） | 向指定元素的子内容包裹一层节点 content |
| wrapAll（content） | 用节点 content 将所有元素包裹到一起 |
| unwrap（） | 移除一层指定元素包裹的内容 |
| each（function（index，element）{}） | 为每个匹配元素规定运行的函数 |

表中 wrap（）方法的 content 参数可以是一个元素、HTML 字符串或者 jQuery 对象，表中这些方法的区别主要是包裹的形式不同。

**2. 遍历节点**

JavaScript 使用 for 或 for in 语句实现元素的遍历操作，jQuery 简化了这种操作，使用 each（）函数遍历集合对象，语法格式见表 3 – 14。

each 方法的 function（index,element）{} 参数为每个匹配元素规定运行的函数，参数 index 表示选择器的 index 位置，参数 element 表示当前的元素（也可使用"this"选择器），当返回 false 时，要及早停止循环。

## 任务描述

使用包裹和遍历节点的方法实现按钮单击事件的功能，网页初始效果如图 3 – 32 所示。

图 3 –32　包裹和遍历节点的方法网页初始效果

## 任务实施

**1. 创建 HTML5 网页**

在 Web 站点目录 ch03 文件夹下创建网页 demo3 – 3 – 4. html。HTML 与 CSS 片段如下：

```
input{margin-bottom:10px;}
p{margin-left:100px;}
div,h3{width:200px;text-align:center;}
<h2>包裹节点</h2>
<input type="button" value="wrap(content)"/>
```

```
<input type = "button" value = "wrapInner(content)"/>
<input type = "button" value = "wrapAll(content)"/>
<input type = "button" value = "unwrap()"/>
<h2>遍历节点</h2>
<input type = "button" value = "each(function(){})"/>
<h3>菩萨蛮·大柏地</h3>
<p>毛泽东</p>
<div>
      <span>赤橙黄绿青蓝紫,</span><br/>
      ......
</div>
```

### 2. 绑定按钮单击事件

使用包裹和遍历节点的方法绑定按钮单击事件来实现更新网页的内容效果。代码如下：

```
$(function(){
    $('input').eq(0).click(function(){
        $('span').wrap('<strong><em></em></strong>');});
    $('input').eq(1).click(function(){
        $('span').wrapInner('<strong></strong>');});
    $('input').eq(2).click(function(){
        $('span').wrapAll('<em></em>');});
    $('input').eq(3).click(function(){
        $('span').unwrap();});
    $('input').eq(4).click(function(){
        $('span').each(function(index,element){
            //console.log($(element).text()+index);
            console.log($(this).text()+index);});});});
```

### 3. 运行网页

在浏览器中预览网页文件，单击 5 个按钮，运行效果如图 3-33 所示。

**任务解析**

在上述代码中，wrap( ) 方法给网页中每个 span 元素的外面包裹了一层 strong 和 em 标签。wrapinner( ) 方法给网页中每个 span 元素的内部包裹了一层 em 标签。wrapAll( ) 方法是把所有 span 元素看作一个整体，在其外面包裹了一层 em 标签。unwrap( ) 方法是移除每个 span 元素外层包裹元素。each( ) 方法是对每个 span 元素进行遍历，在回调函数中获取每个 span 元素的文本内容与索引值。

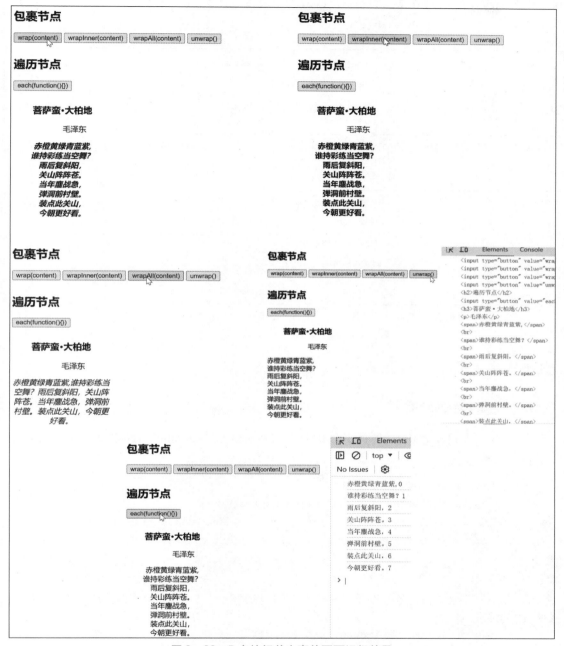

图 3-33　5 个按钮单击事件页面运行效果

任务活动 5　1+X 实战案例——实现列表的增删与移动效果

**任务描述**

3.3.5　1+X 实战
案例——列表的
增删与移动效果

　　在实际的项目开发中，经常会对列表进行新增、删除和移动等操作。本案例将使用创建节点、插入节点和替换节点等方法实现列表的增删与移动效果，网页效果如图 3 - 34 ~ 图 3 - 37 所示。

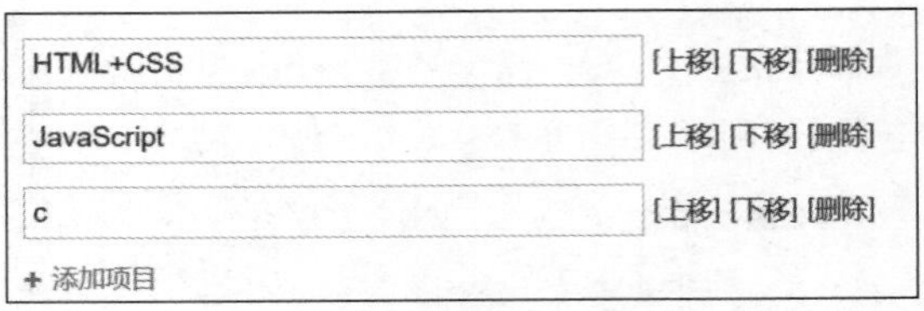

图 3 - 34　列表的增删与移动的网页初始效果

图 3 - 35　将列表项"c"上移一行后效果

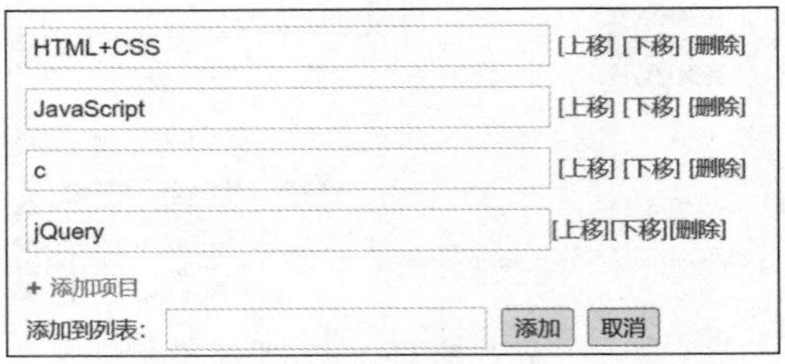

图 3 - 36　将列表项填加一行后效果

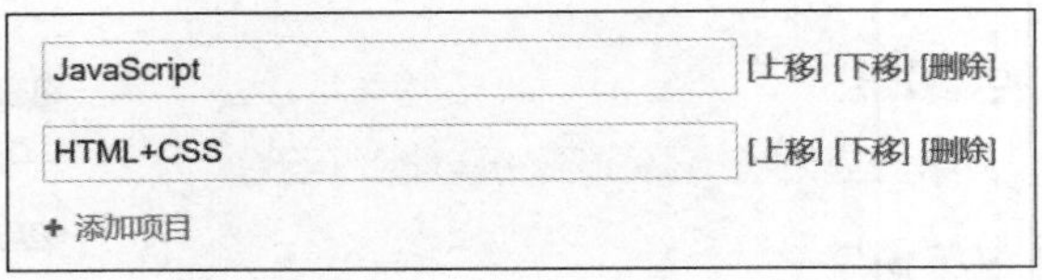

图 3 - 37　将列表项"c"和"jQuery"删除后效果

## 任务实施

### 1. 创建 HTML5 网页

在 Web 站点目录 ch03 文件夹下创建 HTML5demo3 - 3 - 5. html。HTML 与 CSS 代码片段如下：

```
<style type = "text/css" >
body{background:#ddd;text - align:center}
.list{display:inline - block;margin - top:20px;padding:40px;border - radius:8px;background:#fff;color:#333;text - align:left;font - size:13px}
.list - ul{list - style:none;margin:0;padding:0}
.list - option{padding:6px 0;}
.list - input {width:300px;border:1px solid #ccc;padding:4px;font - size:14px;color:#333}
.list - input:hover{background:#effaff}
.list - btn span{color:#0065A0;;cursor:pointer}
.list - btn span:hover{text - decoration:underline}
.list - btn b{text - align:center;background - color:#D6EDFF;border - radius:6px;width:20px;height:20px;display:inline - block;margin:0 2px;cursor:pointer;color:#238FCE;border:1px solid #B3DBF8;float:left}
.list - bottom{margin - top:5px}
.list - add - show{color:#f60;cursor:pointer}
```

```
            .list - add - show:before{position:relative;top:1px;margin - right:5px;con-
tent:" + ";font - weight:700;font - size:16px;font - family:arial}
            .list - add - show span:hover{text - decoration:underline}
            .list - add - area{margin - top:5px}
            .list - add - add{cursor:pointer;margin - left:5px}
            .list - add - cancel{cursor:pointer;margin - left:4px}
            .list - add - input {width:180px;border:1px solid #ccc;padding:4px;font -
size:14px;color:#333}
            .list - add - input:hover{background:#effaff}
          .list - tmp{display:none}
          .list - hide{display:none}
        </style>
      <body>
        <form>
          <div class = "list">
            <ul class = "list - ul">
              <li class = "list - option">
                <input class = "list - input" type = "text" value = "HTML + CSS">
                <span class = "list - btn">
                  <span class = "list - up">[上移]</span>
                  <span class = "list - down">[下移]</span>
                  <span class = "list - del">[删除]</span>
                </span>
              </li>
              <li class = "list - option">
                <input class = "list - input" type = "text" value = "JavaScript">
                <span class = "list - btn">
                  <span class = "list - up">[上移]</span>
                  <span class = "list - down">[下移]</span>
                  <span class = "list - del">[删除]</span>
                </span>
              </li>
              <li class = "list - option">
                <input class = "list - input" type = "text" value = "c">
                <span class = "list - btn">
                  <span class = "list - up">[上移]</span>
                  <span class = "list - down">[下移]</span>
                  <span class = "list - del">[删除]</span>
                </span>
              </li>
            </ul>
            <div class = "list - bottom">
```

```
    < span id = "show" class = "list - add - show" > < span > 添加项目 < /span > < /span >
        < div id = "div1" class = "list - add - area list - hide" >
          添加到列表：
          < input class = "list - add - input" type = "text" name = "list[ ]" >
          < input  id = "bt1" class = "list - add - add" type = "button" value = "添加"
>
        < input  id = "bt2" class = "list - add - cancel" type = "button" value = "取消"
>

        < /div >
        < /div >
      < /div >
    < /form >
< /body >
```

### 2. 绑定按钮单击事件

使用插入节点 append( )、before( )、after( ) 以及删除节点 remove( ) 等方法实现网页交互效果。代码如下：

```
$ (function( ){
//上移
$ ('span. list - up'). click(function( ){
    var $ li = $ (this). parents('li');
    var $ addr = $ li. prev( );
  //判断是否已经是第一行
  if( $ addr. length ==0)
    alert('已经是第一个了');
    else
    $ addr. before( $ li);});
//下移
$ ('span. list - down'). click(function( ){
    var $ li = $ (this). parents('li');
    var $ addr = $ li. next( );
//判断是否已经是最后一行
    if( $ addr. length ==0)
    alert('已经是最后一个了! ');
    $ addr. after( $ li);});
//删除
$ ('span. list - del'). click(function( ){
    if(confirm('你确定要删除? '))
      $ (this). parents('li'). remove( );});
//添加项目
//添加区域的显示
```

```
$('span.list-add-show').click(function(){
     $('#div1').removeClass('list-hide');});
//添加区域的隐藏
$('.list-add-cancel').click(function(){
     $('#div1').addClass('list-hide');});
//添加
$('.list-add-add').click(function(){
     var $li = $('<li class="list-option"><input class="list-input" type
="text"><span class="list-btn"><span class="list-up">[上移]</span><span
class="list-down">[下移]</span><span class="list-del">[删除]</span></span>
</li>');
     $('.list-ul').append($li);
     $('input.list-input:last').val($('input.list-add-input').val());
     $('input.list-add-input').val('');});});
```

## 任务解析

在上述代码中，使用 before( ) 和 after( ) 方法分别实现列表项的上移和下移操作；使用 remove( ) 方法实现列表项的删除操作；使用 $( 'htmltxt') 生成要添加的列表项，再使用 append( ) 将生成的列表项加入列表的后面来实现添加操作。

【项目小结】

在进行 Web 开发时，插入和删除 DOM 节点是一项常见且重要的任务。使用传统的 DOM 操作方式对 DOM 进行增删改查时，每次都需要编写大量的原生 JavaScript 代码，这不仅使得代码量庞大、烦琐且效率低下，而且对节点层级关系的处理容易出错。同时，不仅增加了开发时间，还可能引入潜在的 bug。通过操作元素属性的任务学习，jQuery 提供了简洁易用的 API，如样式操作 css( ) 方法和类操作 addClass( ) 方法。通过留言板更新效果的学习，掌握操作属性 attr( ) 方法、设置元素内容 html( ) 方法等。通过制作列表的增删与移动效果的任务学习，jQuery 提供了一系列直观且易于使用的方法，如 append( )、prepend( )、re-move( )、empty( ) 等，这些方法使代码量得到了大幅减少，代码更加整洁和易于维护。

通过 jQuery 的 DOM 操作项目的学习，使用 jQuery 提供的方法进行节点操作可以改善传统 DOM 操作代码烦琐、易出错以及效率低下的缺点，实现更加高效和稳定的 DOM 操作。

### 项目测评

根据课堂学习情况和项目任务完成情况，进行评价打分。

| 项目名称 | jQuery 的 DOM 操作 | | 姓名 | | 学号 | | |
|---|---|---|---|---|---|---|---|
| 测评内容 | | 测评标准 | | | 分值 | 自评 | 组评 | 师评 |
| jQuery 操作元素样式 | | 掌握操作元素样式的方法 | | | 10 | | | |

| 项目<br>名称 | jQuery 的<br>DOM 操作 | 姓名 | | 学号 | | | |
|---|---|---|---|---|---|---|---|
| 测评内容 | | 测评标准 | 分值 | 自评 | 组评 | 师评 | |
| 网站品牌列表显示与收起 | | 能灵活运用操作元素样式的方法完成网站品牌列表显示与收起的代码编写 | 15 | | | | |
| jQuery 操作元素属性 | | 掌握操作元素属性的方法 | 10 | | | | |
| jQuery 操作元素内容 | | 掌握操作元素内容的方法 | 10 | | | | |
| 留言板更新 | | 能灵活运用操作元素属性和内容方法完成留言板更新的代码编写 | 15 | | | | |
| jQuery 操作元素节点 | | 能使用操作元素节点的方法 | 20 | | | | |
| 列表的增删与移动操作 | | 能灵活运用操作元素节点的方法完成列表的增删与移动操作的代码编写 | 20 | | | | |

【练习园地】

一、单选题

1. 在 jQuery 中，下列关于 css() 方法的说法，错误的是（　　　　）。

A. css() 方法可设置 jQuery 对象的 class 类属性

B. $("body").css("color","red") 的作用是将 body 标签中的字体设置为红色

C. $("body").css({"color":"red"}) 的作用是将 body 标签中的字体设置为红色

D. $("body").css("color") 返回的是 body 标签的字体颜色属性的值

2. jQuery 中，（　　　　）方法是将指定元素删除类名。

A. removeClass()　　　B. addClass()　　　C. className()　　　D. indexOf()

3. 使用（　　　　）方法可以删除 HTML 元素的属性。

A. deleteAttr()　　　B. removeAttr()　　　C. delete()　　　D. remove()

4. 使用（　　　　）获取 < div id = "content" > jQuery 的 DOM 操作 </div > 标签里的文本内容。

A. $("#content").val();　　　　　　　　B. $("#content").html();

C. $("#content").text();　　　　　　　　D. $("#content").innerHTML();

5. 在 jQuery 中，获取表单元素的值的方法是（　　　　）。

A. text()　　　　B. html()　　　　C. val()　　　　D. value()

6. jQuery 中，如果想要获取当前窗口的高度，通过（　　　　）可以实现该功能。

A. height　　　B. height(val)　　　C. height()　　　D. innerHeight()

7. 以下 jQuery 代码运行后，对应的 HTML 代码变为（　　　　）。

HTML 代码：< p > 你好 </p >

jQuery 代码：$("p").append("< b > 快乐编程 </b >");

A. < p > 你好 </p > < b > 快乐编程 </b >

B. ＜p＞你好＜b＞快乐编程＜/b＞＜/p＞

C. ＜b＞快乐编程＜/b＞＜p＞你好＜/p＞

D. ＜p＞＜b＞快乐编程＜/b＞你好＜/p＞

8. 在 jQuery 中，clone( ) 方法的主要作用是（　　）。

A. 克隆孤儿节点　　B. 移除节点　　　　C. 添加节点　　　　D. 清除节点

二、操作题

1. 统计成绩是一项基础教育管理中非常重要的工作，为了能够准确地统计学生成绩，实现如图 3-38 页面效果，满足 3 个功能需求。

（1）输入科目内容和分数后，单击"添加"按钮可以在成绩列表下填加一行成绩信息，并更新总分与平均分的内容。

（2）单击"删除"按钮可以删除当前行成绩信息。

（3）当成绩小于 60 分时，成绩的字体颜色为红色。

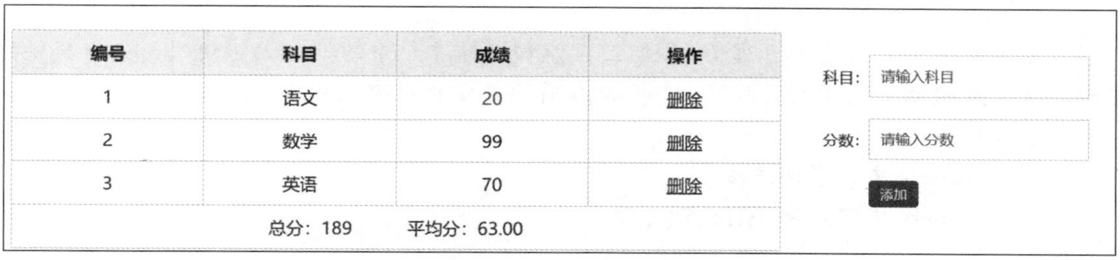

| 编号 | 科目 | 成绩 | 操作 |
| :---: | :---: | :---: | :---: |
| 1 | 语文 | 20 | 删除 |
| 2 | 数学 | 99 | 删除 |
| 3 | 英语 | 70 | 删除 |
| | 总分：189 | 平均分：63.00 | |

科目：请输入科目

分数：请输入分数

添加

图 3-38　统计成绩

2. 在网页设计和开发中，选项卡切换效果是一种常见的交互方式。将多个文档面板整合到一个界面中，通过将鼠标指针滑过"标签区域"来进行文档页面的切换显示，让页面更有交互性和动感，制作学习强国选项卡。网页效果如图 3-39 所示。

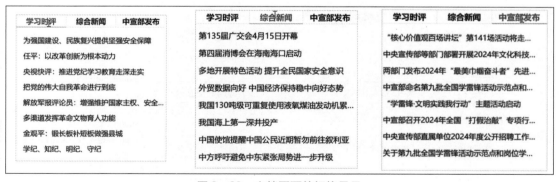

图 3-39　文档页面的切换显示

# 项目 4
## 常见事件开发

书证融通

本项目对应《Web 前端开发 1 + X 职业技能初级标准》中的"能熟练使用 jQuery 提供的事件方法开发网站交互效果页面",从事 Web 前端开发的初级工程师应熟练掌握。

知识目标

1. 掌握 jQuery 中的事件方法。

2. 掌握 jQuery 中阻止事件冒泡的方法。

技能目标

1. 能熟练使用 jQuery 中常用的事件方法。

2. 能熟练使用 jQuery 中事件冒泡与阻止事件冒泡的方法。

素质目标

1. 增强爱国主义情怀。

2. 培养持续、高效的专注力。

3. 培养坚持不懈、追求卓越的精神。

1 + X 考核导航

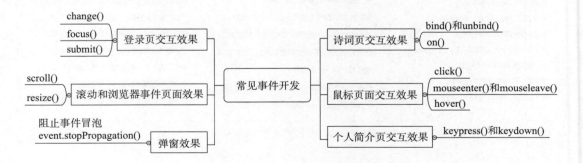

项目描述

本项目将通过若干案例,讲解 jQuery 中对网页事件的处理。常见的 JavaScript 事件见表 4 - 1。

表 4 – 1　常见的 JavaScript 事件

| 分类 | 事件名称 | 描述 |
| --- | --- | --- |
| 鼠标事件 | click | 单击鼠标左键时触发 |
| | dblclick | 双击鼠标左键时触发 |
| | mouseenter | 鼠标移入元素 |
| | mouseleave | 鼠标移出元素 |
| 键盘事件 | keypress | 键盘按键（Shift、CapsLock 等非字符键除外）被按下时触发 |
| | keydown | 键盘任一按键被按下时触发 |
| | keyup | 键盘任一按键被松开时触发 |
| 表单事件 | change | 元素的值发生改变时触发 |
| | focus | 获取焦点时触发 |
| | blur | 失去焦点时触发 |
| | submit | 表单提交时触发 |
| 窗口事件 | scroll | 当滚动条发生变化时触发 |
| | resize | 当调整浏览器窗口大小时触发 |

## 任务 4.1　诗词页交互效果

使用 bind( ) 方法绑定鼠标移入事件实现毛主席诗词页面交互效果。

4.1.1　事件绑定

**任务活动 1　事件绑定**

**知识链接**

jQuery 提供了 bind( ) 方法，用于实现事件的绑定。bind( ) 语法如下：

```
$(selector).bind(type,[data],fn)
```

type：必选参数。它表示为元素添加的一个或多个事件。其内容为一个或多个事件名称的字符串，由空格分隔多个事件名称，例如 "click" 或 "click mouseenter" 等。

data：可选参数。它会作为 event. data 属性值传递给事件对象，是一个额外数据。

fn：必选参数。内容为一个函数，它是绑定到匹配元素上的事件处理函数。

提示：使用 bind( ) 为元素绑定事件时，只能为页面已经加载好的元素绑定事件。如果为动态添加的元素绑定事件，就需要用 on( ) 方法，语法格式如下：

```
$(selector).on(type,childSelector,[data],fn)
```

任务描述

网页加载完，仅显示出左侧图片，右侧诗词隐藏。当鼠标"移入"左侧图片内时，右侧诗词会显示出来。网页效果如图 4 – 1 所示。

图 4 – 1　事件绑定示例

任务实施

**1. 创建 demo4 – 1 – 1. html**

在 Web 站点目录 ch04 文件夹下创建网页 demo4 – 1 – 1. html。HTML 代码片段如下：

```
< img src = ". /assets/walkingfromhead. webp" alt = "" >
< div id = "poem" >
    < pre >
          <b >忆秦娥·娄山关 </b >
              < span >作者:毛泽东 </span >
        西风烈,长空雁叫霜晨月。
        霜晨月,马蹄声碎,喇叭声咽。
        雄关漫道真如铁,而今迈步从头越。
        从头越,苍山如海,残阳如血。
    </pre >
</div >
```

**2. 隐藏右上角诗词**

在 demo4 – 1 – 1. html 网页内获取 id 为"poem"的元素，并将其隐藏。代码如下：

```
$("#poem").hide();
```

**3. 绑定鼠标移入事件**

在 demo4 – 1 – 1. html 网页内获取图片，并使用 bind( ) 方法为图片绑定 mouseenter 事件，在事件处理器函数中控制诗词的显示。代码如下：

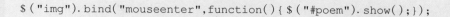

```
$("img").bind("mouseenter",function(){$("#poem").show();});
```

**任务解析**

上述代码中，通过使用 jQuery 库的 hide( ) 与 show( ) 方法控制元素显示/隐藏；通过对图片元素绑定 mouseenter 事件，为鼠标移入该图片添加了一个事件。

**素质课堂——增强爱国主义情怀**

《忆秦娥·娄山关》是一首充满革命激情和历史厚重感的诗篇，我们能够深刻感受到红军战士在艰苦卓绝的环境下，为了民族独立和人民幸福所展现出的英勇无畏和坚定信念。诗中描绘的红军长征途中的艰难困苦，以及战士们不屈不挠的斗志，都强烈地触动着每一个人的心灵。通过这首诗，我们应该更加珍惜来之不易的和平与幸福，增强对国家的认同感和归属感。在日常生活中更加积极地践行爱国主义精神，为祖国的繁荣昌盛贡献自己的一分力量。

**任务活动 2　事件解绑**

**知识链接**

jQuery 还提供了 unbind( ) 方法，用来实现事件的解绑。unbind( )
方法的功能是移除被选元素的事件处理函数。unbind( ) 语法如下：

4.1.2　事件解绑

```
$(selector).unbind([type],[data]);
```

type：可选参数，表示要移除的事件类型。如不传参数，则表示删除该元素上所有的绑定事件。如传参数，则参数内容为包含一个或多个事件名称的字符串，由空格分隔多个事件名称，例如 "click" 或 "click mouseenter" 等。

data：可选参数。表示将要解除的指定事件绑定的函数名称。如不传参数，表示解除的指定事件绑定的所有函数名称。

**任务描述**

网页加载完后，显示出两个按钮。左侧按钮，绑定了两个事件：鼠标移入事件、单击事件。每次鼠标移入该按钮时，在页面添加文字"鼠标移入了!"；每次单击该按钮时，在页面添加文字"被单击了!"。右侧按钮，绑了一个单击事件，单击该按钮，则将左侧按钮的移入事件解绑。网页效果如图 4-2 所示。

**任务实施**

**1. 创建 demo4-1-2. html**

在 Web 站点目录 ch04 文件夹下创建网页 demo4-1-2-1. html。HTML 代码片段如下：

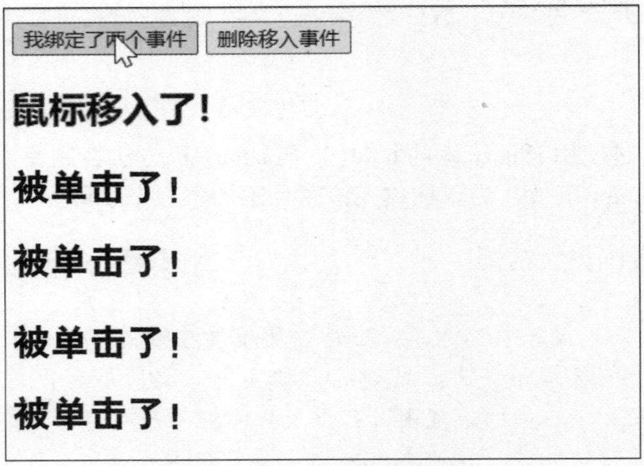

图 4 - 2　事件解绑示例

```
<button id = "btn" >我绑定了两个事件</button >
<button id = "deleteAll" >删除移入事件</button >
<div id = "context" > </div >
```

**2. 为"请单击"按钮绑定单击事件**

在 demo4 - 1 - 2. html 网页内获取 id 为"btn"的元素，并为其绑定"click"和"mouseenter"2 个事件处理函数。代码如下：

```
$("#btn"). bind("click",function(){
    $("#context"). append("<h2 >被单击了!</h2 >")});
$("#btn"). bind("mouseenter",function(){
    $("#context"). append("<h2 >鼠标移入了!</h2 >")});
```

**3. 解绑事件**

在 demo4 - 1 - 2. html 网页内获取 id 为"deleteAll"的元素，在它的单击事件处理函数里，解绑 id 为"btn"元素的所有"mouseenter"移入事件。代码如下：

```
$("#deleteAll"). click(function(){$("#btn"). unbind("mouseenter");});
```

任务解析

在上述代码中，通过使用 jQuery 库的 bind( ) 为某个按钮绑定了单击和鼠标移入事件，使用 unbind( ) 删除元素指定的监听事件。

任务 4.2　鼠标页面交互效果

使用鼠标单击事件、移入/移出事件和悬停事件实现页面交互效果。

## 知识链接

jQuery 提供了 bind( ) 方法，进行事件绑定。为了精简事件绑定代码，jQuery 还有很多更简易的事件绑定语法。

4.2.1　鼠标单击事件

### 1. 单击事件处理函数——click( ) 方法

jQuery 提供一个名为 click 的方法，用来绑定元素的单击事件。click( ) 语法如下：

$(selector).click([*function*])

click( ) 函数至多可接受一个参数。这个参数是函数类型，可选的。若传入该参数，那么该参数就是所选元素单击事件发生时所运行的函数；若不传入，那么调用 click( )，就会触发元素的鼠标单击事件。

### 2. 双击事件处理函数——dblclick( ) 方法

jQuery 提供了 dblclick( ) 函数，用来绑定元素的双击事件。dblclick( ) 语法如下：

$(selector).dblclick([*function*])

dblclick( ) 至多可接受一个参数。这个参数是函数类型，可选的。若传入该参数，那么该值就是所选元素在鼠标双击事件发生时运行的函数；若不传入，那么调用 dblclick( ) 就会触发元素的鼠标双击事件。

## 任务描述

网页加载完成后，页面展示出"嫦娥五号"标题、图片与"单击查看详情"文字。单击"单击查看详情"文字，切换页面底部的介绍文字的展示和隐藏效果。页面效果图如图 4－3 所示。

图 4－3　单击事件示例

### 任务实施

**1. 创建 demo4 – 2 – 1. html**

在 Web 站点目录 ch04 文件夹下创建网页 demo4 – 2 – 1. html。HTML 代码片段如下：

```html
<div class = "wrapper">
<h1>嫦娥五号</h1>
    <img src = "./assets/moonflight.png" alt = "">
    <p id = "more">单击查看详情</p>
    <p id = "details">嫦娥五号,由国家航天局组织实施研制,…… </p>
</div>
```

**2. 为"单击查看详情"文字绑定单击事件**

在 demo4 – 2 – 1. html 网页内定义一个变量 tag，保存详情是否已隐藏，默认为真。获取 id 为"more"的元素，并为其绑定单击事件处理函数。代码如下：

```javascript
var tag = true;
$("#more").click(function(){
    if(tag){
        $("#more").text("单击折叠详情");
        $("#details").show();
        tag = ! tag;
    } else{
        $("#more").text("单击查看详情");
        $("#details").hide();
        tag = ! tag;}});
```

### 任务解析

在上述代码中，通过 tag 信号量的判断，使用 text() 方法设置 id 为"more"的文字内容，再使用 hide() 与 show() 方法控制底部文字元素的显示与隐藏。

**素质课堂——培养精益求精的精神**

代码最小化是优化 JavaScript 代码的一种强大技术。

最小化器是将我们的原始源代码转换为较小的生产文件的程序。它会删除不必要的注释，缩短过长的变量名称，并切掉不必要的语法。它还会删除不必要的代码，并改进现有的例程，以使用更少的代码行。

Google Closure Compiler、Microsoft AJAX minified 都是最小化器的示例。此外，还可通过查看和寻找改进方法来自行最小化代码。例如，手动简化代码中的 if 语句。

在代码最小化的过程中，不断审视代码，去除冗余和无效的部分，追求最简洁、高效和可靠的实现。这种精益求精意味着追求不仅仅体现在技术层面，更是一种对待学习和工作的态度。它要求学生具备批判性思维，勇于挑战自我，不断提升自己的技能和能力。

通过精益求精的实践，可以培养出对细节的敏锐洞察力，学会发现问题、分析问题和解决问题的能力。这种能力不仅对于编程领域至关重要，还是未来职业生涯中不可或缺的素质。

**任务活动 2**　移入/移出事件

**知识链接**

4.2.2　移入/
移出事件

jQuery 提供了 mouseenter（）方法，用于给元素绑定鼠标移入事件。mouseenter（）的语法如下：

```
$(selector).mouseenter([function])
```

mouseenter（）至多可接收一个参数。该参数是函数类型的，可选的。若传入该参数，那么该值就是所选元素在鼠标移入事件发生时所运行的函数；若不传入，那么调用 mouseenter（）就会触发该元素的鼠标移入事件。

**任务描述**

网页加载完成后，页面如图 4－4（a）所示，其中，图片为半透明状态。当鼠标移入图片内时，图片透明度为 1，如图 4－4（b）所示；当鼠标移出图片时，图片又变为半透明状态。

**中国高铁**

（a）

**中国高铁**

（b）

图 4－4　移入/移出事件网页效果

## 任务实施

### 1. 创建 demo4 – 2 – 2. html

在 Web 站点目录 ch04 文件夹下创建网页 demo4 – 2 – 2. html。HTML 代码片段如下：

```
<h1>中国高铁</h1>
<img id="fasttrain" src="./assets/fasttrain.jpeg" alt="">
```

### 2. 为图片添加鼠标移入事件

在 demo4 – 2 – 2. html 网页内获取 id 为"fasttrain"的元素，并为其绑定鼠标移入事件处理函数。代码如下：

```
$("#fasttrain").mouseenter(function(){
    $("#fasttrain").css("opacity","1");});
```

### 3. 为图片添加鼠标移出事件

在 demo4 – 2 – 2. html 网页内获取 id 为"fasttrain"的元素，并为其绑定鼠标移出事件处理函数。代码如下：

```
$("#fasttrain").mouseleave(function(){
    $("#fasttrain").css("opacity","0.5");});
```

## 任务解析

上述代码中，通过在事件处理函数中使用 jQuery 库的 css( ) 方法来控制页面元素的 opacity 透明度样式。鼠标移入事件触发时，当 opacity 值为 0.5 时，图片会呈现半透明状态；鼠标移出事件触发时，当 opacity 值为 1 时，图片会正常状态呈现。

### 任务活动 3　鼠标悬停事件

## 知识链接

悬停包含了鼠标的两种状态：一种是鼠标在元素外；另一种是鼠标进入了元素内。由前者切换到后者，即是悬停。jQuery 提供了 hover( ) 方法用于给元素绑定鼠标悬停事件。hover( ) 的语法如下：

4.2.3　悬停事件

```
$(selector).hover(inFuction,[outfunction]);
```

inFunction：它是函数类型，必选参数。该参数指鼠标移入被选元素时所要运行的函数。
outfunction：它是函数类型，可选参数。该参数指鼠标移出被选元素时所要运行的函数。

## 任务描述

网页加载完成后，页面展示出"鼠标悬停放大文字"文字。当鼠标悬停在该文字上时，该文字变大；当鼠标离开时，文字变回默认大小。网页效果如图 4 - 5 所示。

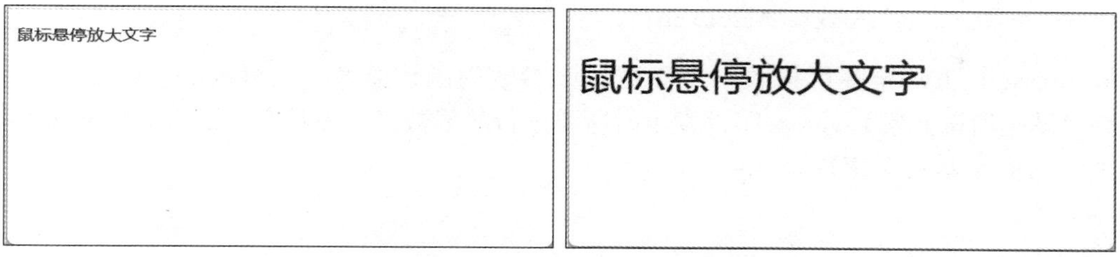

鼠标悬停放大文字

# 鼠标悬停放大文字

图 4 - 5　鼠标悬停事件网页效果

## 任务实施

**1. 创建 demo4 - 2 - 3. html**

在 Web 站点目录 ch04 文件夹下创建网页 demo4 - 2 - 3. html。HTML 代码片段如下：

```
<p id = "context">鼠标悬停放大文字</p>
```

**2. 为"单击查看详情"文字绑定单击事件**

在 demo4 - 2 - 3. html 网页内获取 id 为"context"的元素，并为其绑定 hover 事件处理函数。代码如下：

```
$("#context").hover(
    function(){
        $("#context").css("font - size","30px");},
    function(){
        $("#context").css("font - size","20px");});
```

## 任务解析

在上述代码中，通过 hover( ) 事件设置鼠标悬停和鼠标离开时的元素样式，使用 jQuery 库的 css( ) 方法控制 id 为"context"页面元素的 font - size 字体大小。

## 任务 4.3　个人简介页交互效果

使用键盘事件实现个人简介页面交互效果。

**任务活动 1　键盘按下 keypress 事件**

## 知识链接

4.3.1　键盘按下 keypress 事件

jQuery 提供了 keypress( ) 方法，用来绑定键盘的按下事件（只针对字符按键按下）。keypress（ ）的语法如下：

```
$(selector).keypress([function]);
```

keypress（ ）方法至多可接收一个参数。该参数为函数类型，是可选的。若传入该参数，那么该值就是所选元素 keypress 事件发生时所要运行的函数；若不传入，那么调用 keypress（ ），会触发元素的键盘按下事件。

**任务描述**

网页加载完成后，页面展示出"个人简介"标签以及多行文本输入框。当在文本输入框中输入内容后，文本框背景色变为蓝色，网页效果如图 4 – 6 所示。

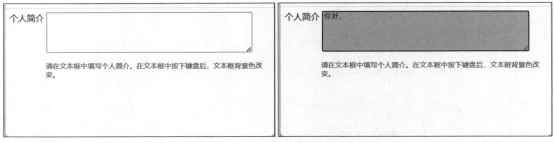

图 4 – 6　keypress 事件网页效果

**任务实施**

**1. 创建 demo4 – 3 – 1. html**

在 Web 站点目录 ch04 文件夹下创建网页 demo4 – 3 – 1. html。HTML 代码片段如下：

```
<label class="label">个人简介</label>
<textarea rows="5" cols="50"></textarea>
<p class="tips">请在文本框中填写个人简介。在文本框中按下键盘后,文本框背景色改变。</p>
```

**2. 为"单击查看详情"文字绑定单击事件**

在 demo4 – 3 – 1. html 网页内获取标签名为"textarea"的元素，并为其绑定单击事件处理函数。代码如下：

```
$("textarea").keydown(function(){$(this).css("background-color","#acd6ff");});
```

**任务解析**

在上述代码中，keydown（ ）事件触发时，使用 css（ ）方法控制多行文本框 textarea 元素的 background – color 样式。

**任务活动2　键盘按下/松开事件**

**知识链接**

4.3.2　键盘按下/
松开事件

**1. 键盘按下事件处理函数——keydown( )**

除了 keypress( ) 函数外，jQuery 还提供了另一种用于绑定键盘按下事件的函数——keydown( ) 函数。keydown( ) 函数更具有普遍性，键盘上任意键被按下时，都会触发keydown 事件。keydown( ) 的语法如下：

```
$(selector).keydown([function])
```

keydown( ) 方法至多可接收一个参数。该参数为函数类型，是可选的。若传入该参数，那么该值就是所选元素 keypress 事件发生时所要运行的函数；若不传入，那么调用 keypress( ) 函数，会触发元素的键盘按下事件。

**2. 键盘松开事件处理函数——keyup( )**

jQuery 提供了 keyup( ) 函数，用于绑定键盘按键的松开事件。keyup( ) 的语法如下：

```
$(selector).keyup([function]);
```

keyup( ) 方法至多可接收一个参数。该参数为函数类型，是可选的。若传入该参数，那么该值就是所选元素 keyup 事件发生时所要运行的函数；若不传入，那么调用 keyup( ) 函数，会触发元素的键盘松开事件。

**任务描述**

网页加载完成后，页面显示为如图4-7（a）所示，页面中包含三个输入框（姓名、年龄、爱好），输入框背景色为淡黄色且无边框。当用户在输入框内按下键盘按键时，该输入框背景色变为淡蓝色；松开按键时，该输入框背景色变为淡绿色。网页效果如图4-7所示。

（a）　　　　　　　　　　　　　　（b）

图4-7　keyup 及 keydown 事件网页效果

#### 任务实施

**1. 创建 demo4 – 3 – 2. html**

在 Web 站点目录 ch04 文件夹下创建网页 demo4 – 3 – 2. html。HTML 代码片段如下：

```
< form >
     < label >姓名 </label >
     < input type = "text" name = "name" > < br/ >
     < label >年龄 </label >
     < input type = "text" name = "age" > < br/ >
     < label >爱好 </label >
     < input type = "text" name = "hobby" > < br/ >
</form >
```

**2. 为表单与输入框添加样式**

在 demo4 – 3 – 2. html 网页内设置 form 与 input 元素的 CSS 样式。代码如下：

```
form{
     margin - left:30% ;
     margin - top:50px;}
input{
     margin - bottom:30px;
     background - color:#F5F5DC;
     border:1px solid #EEE8AA;
     border:none;}
```

**3. 为输入框绑定 keydown 与 keyup 事件**

在 demo4 – 3 – 2. html 网页内获取输入框 input 元素，为其绑定 keydown 事件与 keyup 事件，在事件处理器函数中更改输入框的背景颜色。代码如下：

```
$("input").keydown(function(){
     $(this).css({"background - color":"#dce7f1"})});
$("input").keyup(function(){
     $(this).css({"background - color":"#90EE90"});})
```

#### 任务解析

在上述代码中，当鼠标按下 keydown 和鼠标松开 keyup 事件触发时，使用 css( ) 控制文本框元素的背景颜色，从而实现输入框元素在未编辑、编辑中、已编辑三种状态下显示不同的背景颜色。

**素质课堂——培养持续、高效的专注力**

JavaScript 有一个基于事件循环的并发模型，事件循环负责执行代码、收集和处理事件以及执行队列中的子任务。

在浏览器里，每当一个事件发生并且有一个事件监听器绑定在该事件上时，一个消息就会被添加进消息队列。如果没有事件监听器，那么这个事件将会丢失。所以，当一个带有单击事件处理器的元素被单击时，就会像其他事件一样产生一个类似的消息。

JavaScript 运行时，包含了一个待处理消息的消息队列。每一个消息都关联着一个用于处理这个消息的回调函数。

在事件循环期间的某个时刻，运行时会从最先进入队列的消息开始处理。被处理的消息会被移出队列，并作为输入参数来调用与之关联的函数。

函数的处理结束后，事件循环将会处理队列中的下一个消息，直至列队再无消息。

JavaScript 的基于事件循环的并发模型不仅是一种处理异步编程的技术机制，同时也映射了我们在现实生活中对待任务和专注力的一种哲学。当我们在学习、工作或者做其他任何事情时，很容易被周围的干扰所吸引，导致效率低下。JavaScript 的事件循环教会我们在多线程、多任务的现代社会中，保持专注，一次只做一件事，以实现更高的效率和质量。

## 任务 4.4　登录页交互效果

使用表单事件实现登录页面交互效果。

**任务活动 1　表单 change 事件**

**知识链接**

jQuery 提供 change( ) 方法，用来绑定表单的值改变事件。该事件仅适用于文本框 input、textarea 以及选项菜单 select 元素。change( ) 语法如下：

4.4.1　表单 change 事件

```
$(selector).change([function]);
```

change( ) 方法至多可接收一个参数。该参数为函数类型，是可选的。若传入该参数，那么该值就是所选元素 change 事件发生时所要运行的函数；若不传入，那么调用 change( )，会触发元素的 change 事件。

**任务描述**

网页加载完成后，页面显示"字体颜色"下拉列表元素（单选）。下拉列表选项有：黑色（默认）、红色、蓝色和绿色。当用户更改选项时，输入框中字体颜色会相应变化。

change 事件网页效果如图 4 - 8 所示。

图 4 - 8　change 事件网页效果

## 任务实施

### 1. 创建 demo4 - 4 - 1. html

在 Web 站点目录 ch04 文件夹下创建 HTML5 网页 demo4 - 4 - 1. html。HTML 代码片段如下：

```
< form >
    < label >字体颜色:</ label >
    < select id = "fontColor" >
        < option value = "black" >黑色</ option >
        < option value = "red" >红色</ option >
        < option value = "blue" >蓝色</ option >
        < option value = "green" >绿色</ option >
    </ select > < br/ >
    < textarea id = "my - content" cols = "100" rows = "10" ></ textarea >
</ form >
```

### 2. 为下拉菜单绑定 change 事件

在 demo4 - 4 - 1. html 网页内获取"select"下拉列表元素，并为其绑定 change 事件处理函数。代码如下：

```
$("select").change(function(){$("#my-content").css("color",$(this).val
());})
```

## 任务解析

在上述代码中，当下拉列表"select"元素触发 change 事件时，使用 css() 控制 id 为 "my-content" 的 textarea 元素的字体颜色。其中，$(this).val() 用来表示下拉列表选中项的值。

**任务活动 2　表单焦点事件**

## 知识链接

表单焦点事件有两个：获得焦点和失去焦点。

4.4.2　表单焦点事件

**1. 获得焦点事件处理函数——focus()**

jQuery 提供了 focus() 方法，用于绑定元素获得焦点事件。focus() 语法如下：

```
$(selector).focus([function]);
```

focus() 方法至多可接收一个参数。该参数为函数类型，是可选的。若传入该参数，那么该值就是所选元素获得焦点事件发生时所要运行的函数；若不传入，那么调用 focus()，会触发元素的获得焦点事件。

**2. 失去焦点事件处理函数——blur()**

jQuery 提供了 blur() 方法，用于绑定元素失去焦点事件。blur() 的语法如下：

```
$(selector).blur([function]);
```

blur() 方法至多可接收一个参数。该参数为函数类型，是可选的。若传入该参数，那么该值就是所选元素失去焦点事件发生时所要运行的函数；若不传入，那么调用 blur()，会触发元素的失去焦点事件。

## 任务描述

网页加载完成后，页面显示图 4-9（a）所示。当该输入框在编辑状态时，其右侧会提示"正在输入…"。当鼠标单击输入框外部，输入框失去焦点时，提示会消失。网页效果如图 4-9（b）所示。

| 用户名 |  |
|---|---|

（a）

| 用户名 | admin | 正在输入… |
|---|---|---|

（b）

图 4-9　获得焦点及失去焦点事件网页效果

## 任务实施

### 1. 创建 demo4 – 4 – 2. html

在 Web 站点目录 ch04 文件夹下创建网页 demo4 – 4 – 2. html。HTML 代码片段如下：

```
< form >
    < label >用户名</label >
    < input type = "text" name = "username" >
    < span class = "inputting" >正在输入...</span >
</form >
```

### 2. 为下拉菜单绑定 change 事件

在 demo4 – 4 – 2. html 网页内获取"input"元素，并为其绑定 focus 与 blur 事件处理函数。代码如下：

```
$("input"). focus(function(){
    $(this). next(). show();});
$("input"). blur(function(){
    $(this). next(). hide();});
```

## 任务解析

在上述代码中，输入框 input 的 focus 事件触发时，提示文本"正在输入…"元素显示；输入框 input 的 blur 事件触发时，提示文本"正在输入…"元素隐藏。

### 任务活动 3  表单提交事件

## 知识链接

jQuery 提供了 submit() 方法，用于绑定表单的提交事件。submit() 语法如下：

4.4.3  表单提交事件

```
$(selector). submit([*function*])
```

submit() 方法至多可接收一个参数。该参数为函数类型，是可选的。若传入该参数，那么该值就是表单提交事件发生时所要运行的函数；若不传入，那么调用 submit()，会触发表单的提交事件。

## 任务描述

网页加载完成后，页面显示如图 4 – 10 所示。用户可通过输入用户名、密码进行登录。当单击"提交"按钮，则会进行用户名与密码的非空校验。若用户名与密码都不为空，则提交登录信息；否则，弹出提示框"用户名或密码为空"。

图 4 - 10　表单事件示例

## 任务实施

**1. 创建 demo4 - 4 - 3. html**

在 Web 站点目录 ch04 文件夹下创建网页 demo4 - 4 - 3. html。HTML 代码片段如下:

```
< form >
    < h1 >登录</ h1 >
    < label >用户名</ label >
    < input type = "text" name = "username" id = "username" > < br >
    < label >密码</ label >
    < input type = "password" name = "password" id = "password" > < br >
    < input class = "btn" type = "submit" value = "提交" >
</ form >
```

**2. 为表单绑定 submit 事件**

在 demo4 - 4 - 3. html 网页内获取 form 元素,并为其绑定 submit 事件处理函数。代码如下:

```
$ ("form"). submit( function(){
    var username = $ ("#username"). val();
    var password = $ ("#password"). val();
    if(! username ||! password){
        alert("用户名或密码为空!");
        $ ("#username"). val("");
        $ ("#password"). val("");
        return false;}})
```

**任务解析**

在上述代码中，在 submit 事件处理函数中，通过 val（）获取 id 为"username"和 id 为"password"输入框元素的值。id 为"username"的输入框保存用户名，id 为"password"的输入框保存密码，若用户名或密码为空，弹窗文字提示"用户名或密码为空！"，使用 val（）方法清空输入框的值，函数返回 false，即不提交。

**素质课堂——培养追求卓越的精神**

对于前端开发人员来说，了解 CSS 的使用方法是一项基本技能。

设计样式时，并非只需要掌握 CSS，Sass 如今也很常见。Sass 是一个 CSS 预处理器，它允许使用变量、数学运算、混合、循环、函数、导入功能等，这使编写 CSS 变得简便，而且

功能更加强大，语法更为简洁而优雅。有时只需要使用一个框架就能完成所有重任。这意味着不再需要从零开始编写全部 CSS。

Sass 作为 CSS 的扩展，其强大的功能和优雅的语法体现了对技术卓越的追求。追求卓越是每一个程序员的职业追求和人生使命。卓越不仅仅是对技术的追求，更是一种对待工作的态度，一种不断自我挑战和突破的精神。要不断学习和掌握新的编程语言、框架和工具，同时，需要深入理解技术原理，精通业务逻辑，不断探索最佳实践和创新方法。卓越的程序员不仅仅满足于完成任务，他们追求的是代码的完美和高效，致力于创造出让用户惊叹的产品和服务。

## 任务 4.5　滚动和浏览器事件页面效果

使用滚动事件和浏览器事件实现页面交互效果。

**任务活动 1　scroll 事件**

**知识链接**

jQuery 提供了 scroll（）方法，用于绑定滚动条移动事件。scroll（）语法如下：

4.5.1　scroll 事件

```
$（selector）.scroll（[function]）
```

scroll（）方法至多可接收一个参数。该参数为函数类型，是可选的。若传入该参数，那么该值就是滚动条移动事件发生时所要运行的函数；若不传入，那么调用 scroll（）会触发滚动条的移动事件。

**任务描述**

　　网页加载完成后，页面显示部分图片以及文字"图片滚动了 0 次"。当鼠标放入图片中时，滚动图片竖直滚动条，下方文字变为"图片滚动了 n 次"，其中，n 为滚动次数。网页效果如图 4 – 11 所示。

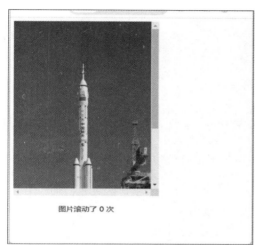

图 4 – 11　scroll 事件示例

**任务实施**

**1. 创建 demo4 – 5 – 1. html**

在 Web 站点目录 ch04 文件夹下创建网页 demo4 – 5 – 1. html。HTML 代码片段如下：

```
< div class = "img - wrapper" id = "rocket" >
    < img src = ". /assets/rocket. jpeg" alt = "" >
< /div >
< div class = "count - wrapper" >图片滚动了< span id = "num" >0 < /span >次< /div >
```

**2. 设置样式**

在 demo4 – 5 – 1. html 网页内设置图片以及文字的样式。代码如下：

```
. img - wrapper{
    width:300px;
    height:400px;
    overflow:scroll;}
img{width:100%;}
. count - wrapper{
    width:300px;
```

```
text - align:center;
margin - top:20px;}
```

#### 3. 绑定鼠标移入事件

在 demo4 - 5 - 1. html 网页内获取图片所在的容器，并绑定 scroll 事件处理函数。代码如下：

```
var count = 0;
$("#rocket").scroll(function(){$("#num").text(++count);});
```

## 任务解析

在上述代码中，当滚动条发生移位时，触发 scroll 事件，使用 text() 方法设置 id 为 "num" 元素的文本内容，记录滚动次数。

### 素质课堂——培养学生的适应能力

响应式网站设计是一种网络页面设计布局，其理念是：集中创建页面的图片排版大小，可以智能地根据用户行为以及使用的设备环境进行相对应的布局。

响应式网站能在各种用户设备上都提供最好的体验。除此之外，响应式网站的外观更统一。构造响应式网页需要使用媒体查询技术。

响应式网站设计所蕴含的适应性思维，不仅在技术层面上展现出对多设备和屏幕尺寸的灵活适配，更在深层次上传递了一种面对变化和挑战的积极态度。这种思维鼓励我们在遇到不同情境和问题时能够迅速调整策略，灵活应对。在面对复杂多变的社会环境时，能够保持开放和包容的心态，主动适应社会的变革和进步。同时，适应性思维也帮助我们更好地应对个人成长过程中的各种挑战和困难，不断调整自己的状态，积极寻求最佳解决方案。

### 任务活动 2　resize 事件

## 知识链接

jQuery 提供 resize() 方法，用于绑定窗口大小改变事件。resize()　　4.5.2　resize 事件
语法如下：

```
$(selector).resize([function])
```

resize() 方法至多可接收一个参数。该参数为函数类型，是可选的。若传入该参数，那么该值就是窗口大小调整事件发生时所要运行的函数；若不传入，那么调用 resize() 会触发窗口大小调整事件。

**任务描述**

　　网页加载完成后，页面效果如图 4 – 12 所示。当用户调整浏览器窗口大小时，网页内容 "窗口大小已调整 n 次"，其中，n 为窗口大小改变次数。

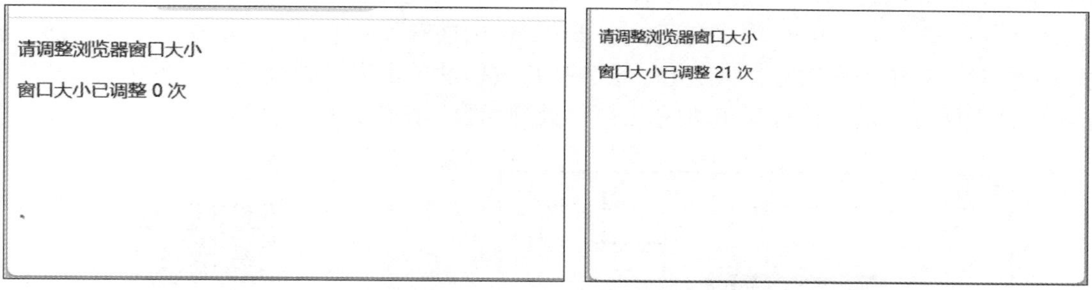

| | |
|---|---|
| 请调整浏览器窗口大小<br><br>窗口大小已调整 **0** 次 | 请调整浏览器窗口大小<br><br>窗口大小已调整 **21** 次 |

图 4 – 12　resize 事件页面效果

**任务实施**

**1. 创建 demo4 – 5 – 2. html**

在 Web 站点目录 ch04 文件夹下创建网页 demo4 – 5 – 2. html。HTML 代码片段如下：

```
<p>请调整浏览器窗口大小</p>
<p>窗口大小已调整<span id = "num">0</span>次</p>
```

**2. 为窗口绑定 resize 事件**

在 demo4 – 5 – 2. html 网页内获取 window 浏览器窗口对象，并为其绑定 resize 事件处理函数。代码如下：

```
var count = 0;
$(window).resize(function(){
    $("#num").text( ++count);});
```

**任务解析**

　　在上述代码中，当改变浏览器窗口大小时，触发 resize 事件，count 变量记录窗口大小调整的次数，并使用 text( ) 方法设置成 id 为 "num" 元素的文本内容。

**任务 4.6　弹窗效果**

使用阻止事件冒泡方法制作弹窗效果。

**知识链接**

事件冒泡描述了浏览器如何处理针对嵌套元素的事件。当页面中某个 DOM 元素触发了一个事件时，这个事件将会按照从该元素的嵌套方向向上的顺序触发。也就是说，事件会从最内层的元素开始发生，一直向上传播，直到 document 对象。

如图 4-13 所示，body 内嵌套了一个 div，div 内嵌套了一个按钮。给这三个元素都绑定单击事件时，当单击按钮时，事实上，会先执行按钮的单击事件处理函数，再执行 div 的单击事件处理函数，最后执行 body 的单击事件处理函数。这就是事件冒泡。

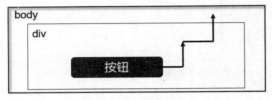

图 4-13　事件冒泡

4.6　阻止事件冒泡

通常不希望出现事件冒泡，因此想要阻止事件冒泡。jQuery 提供了一种阻止事件冒泡的方法——event. stopPropagation( ) 方法。其中，event 为事件对象，即 HTML DOM Event 对象。该对象在每个事件处理函数中作为第一参数被传入。

下述代码即在按钮的单击事件中阻止事件冒泡。

```
$('button').click(function(event){
        console.log('span 元素被单击了');
        event.stopPropagation();}););
```

**任务描述**

网页加载完成后，显示出一个带边框的容器，容器中心有一个"请单击"按钮。当鼠标单击按钮时，页面仅弹出提示框，显示"按钮被单击!"。当鼠标单击容器内任一区域（不包括按钮）时，页面弹出提示框，显示"div 被单击!"。网页效果如图 4-14 所示。

图 4-14　阻止事件冒泡网页效果

**任务实施**

**1. 创建 demo4-6. html**

在 Web 站点目录 ch04 文件夹下创建网页 demo4-6. html。HTML 代码片段如下：

```
<div> <button>请单击</button> </div>
```

### 2. 添加样式

在 demo4 – 6. html 网页内将图片的大小设为一个小值。代码如下：

```
div{
    width:300px;
    height:200px;
    border:1px solid black;
    border – radius:5px;
    display:flex;
    justify – content:center;
    align – items:center;}
```

### 3. 绑定鼠标单击事件

在 demo4 – 7. html 网页内分别为 "div" 和 "button" 元素绑定单击事件，并且在按钮的单击事件中使用 stopPropagation( ) 方法阻止事件冒泡。代码如下：

```
$("div").click(function(){
    alert("div 被单击!");});
$("button").click(function(e){
    alert("按钮被单击!");
    e.stopPropagation();});
```

**任务解析**

在上述代码中，在按钮的 click 事件处理函数中，通过 e. stopPropagation( ) 阻止按钮单击事件向上冒泡，从而在单击按钮时不会触发 div 元素的单击事件。

### 素质课堂——培养团队协作精神和沟通能力

任何项目都必须具备版本控制。版本控制使我们能持续管理、追踪并控制文件的变更，它是确保代码库的质量和完整性的必要工具。Git 是最常用的版本控制系统，也可选择 SVN、CVS 等。

版本控制最主要的功能就是追踪文件的变更。它将什么时候、什么人更改了文件的什么内容等信息如实地记录下来。此外，版本控制的另一个重要功能是并行开发。软件开发往往是多人协同作业，版本控制可以有效地解决版本的同步以及不同开发者之间的开发通信问题，提高协同开发的效率。

版本控制也促进了团队成员之间的沟通。在代码提交前，开发者通常需要编写提交信息，说明此次更改的目的和内容。这要求开发者不仅要对自己的代码负责，还要考虑到其他团队成员的阅读和理解。通过编写清晰、准确的提交信息，开发者能够培养出良好的沟通技巧和表达能力。

## 任务4.7　1+X 实战案例——图片放大效果

4.7　1+X 实战案例 –
图片放大效果

### 任务描述

网页加载完成后，只显示出校区景观缩略图。当鼠标移入缩略图时，鼠标的右下方会展示出放大3倍后的图片；当鼠标在缩略图中移动时，大图会跟随鼠标的移动而移动，始终保持在鼠标的右下方；当鼠标移出缩略图时，大图消失。图片放大效果如图4-15所示。

图4-15　图片放大效果

### 任务实施

**1. 创建 demo4-7. html**

在 Web 站点目录 ch04 文件夹下创建网页 demo4-7. html。HTML 代码片段如下：

```
<h1>校区景观缩略图</h1>
<img class="images" src="./assets/school.jpeg"/>
```

**2. 添加样式**

在 demo4-7. html 网页内将图片的大小设为一个小值。代码如下：

```
.images{width:200px;}
```

**3. 绑定鼠标事件**

在 demo4-7. html 网页内获取图片，并为图片绑定 mouseenter、mouseleave、mousemove

事件，在事件处理器函数中控制大图的显示。代码如下：

```
$(".images").mouseenter(function(event){
    var bigImage = $("<img id='bimg' src='" + $(this).attr("src") + "'/>");
    $(bigImage).css({
        "top":event.pageY +5,
        "left":event.pageX +10,
        "width":this.width* 3,
        "height":this.height* 3,
        "position":"absolute",
        "border":"5px solid #ccaadd",
        "border - radius":"50px 50px",
        "display":"none"   });
    $("body").append(bigImage);//将大图挂到页面 body 中
    bigImage.show(500);});    //大图动态效果显示
$(".images").mouseleave(function(){ $("#bimg").remove();});    //大图隐藏
$(".images").mousemove(function(e){
    $("#bimg").css({//对大图的位置进行调整
            "top":event.pageY +5,
            "left":event.pageX +10});   });});
```

## 任务解析

首先在 body 中放入一个 img 图片元素，设置它的宽度为 200 px，使它成为一个缩略图。然后编写 jQuery 代码，给这个缩略图绑定 3 个事件：mouseenter、mouseleave、mousemove。

mouseenter 事件中：新增一个图片元素（缩略图的放大版），使用 css( ) 方法设置该图的样式，其中，大图为绝对定位，event.pageY 捕获鼠标相对于浏览器窗口的垂直坐标值定位的大图 top，event.pageX 捕获鼠标相对于浏览器窗口的水平坐标值定位大图的 left，这样就能实现鼠标移入图片的位置显示大图。然后将图片挂载到 body 中，500 ms 后显示在页面中。

mouseleave 事件中：删除掉页面中放大版的缩略图。

mousemove 事件中：使用 event.pageY 和 event.pageX 捕获当前鼠标在屏幕的位置信息，去更新大图在屏幕中的位置，实现大图显示的位置会随着鼠标移动而移动。

通过以上 3 个鼠标事件以及 hide( )、show( ) 和 css( ) 方法，可实现图片放大的动态效果。

### 素质课堂——培养坚持不懈的精神

格式塔理论的五个视知觉原则能非常有效地指导 App 界面布局设计中的信息视觉层级设计，帮助设计师有的放矢地对界面信息视觉结构进行组织、简化和协调统一，设计出易学易操作的用户界面。该理论提出了基于视知觉判断层面的五个基本原则：

1. 接近性原则，是指人们通常会认为彼此接近或距离较短的视觉形式更容易被看成一个整体。

2. 相似性原则，是指人们容易将具有相似形状、大小、颜色、材质等的视觉形式看成一个整体或组合。

3. 连续性原则，是指某种视觉形式沿着一定的方向连续下去，形成连续的形式和延伸的轨迹，人们会倾向于看到这种连续的形式，并在必要时填补缺漏。

4. 闭合性原则，是指用户在知觉上具有闭合的倾向，只要各部分的模式保持不变，用户会将不完整的图形在心理上使之趋合。

5. 对称性原则，是指人们往往倾向于感知围绕匀称物体的中心对称的视觉形式。

其中，连续性原则在生活中同样具有深刻的启示，例如，在面对困难和挑战时，要保持持续的努力和不懈的奋斗。正如视觉上的连续元素需要我们持续关注和认知，面对生活中的困难和挑战，我们也需要有持续的动力和毅力去克服它们。只有保持连续的努力，才能在困难面前坚持不懈，最终取得成功。因此，连续性原则不仅仅是一个视觉认知的原则，更是一种精神追求和人生哲学的体现。

## 【项目小结】

在 Web 项目中，事件处理也是一个重要环节。在处理复杂的事件绑定、事件委托和事件传播时，使用原生 JavaScript 需要编写大量的逻辑代码，以确保事件正确地绑定到元素上，并且在事件触发时能够执行相应的逻辑。通过诗词页交互效果的任务来学习 jQuery 提供的 bind( ) 和 unbind( ) 方法，可以轻松地绑定、解绑事件；on( ) 方法处理事件委托，可以将事件处理器绑定到父元素上，处理动态生成的子元素的事件。通过其他任务的学习，掌握 jQuery 支持的多种事件类型，如 click、mouseover、keydown、scroll 等。

通过常见事件开发项目的学习，使读者对事件绑定与解绑、事件类型、事件对象与使用、事件委托应用场景等方面有更深入的理解，从而实现更为灵活和可扩展的事件处理机制。

## 项目测评

根据课堂学习情况和项目任务完成情况，进行评价打分。

| 项目名称 | 常见事件开发 | 姓名 | | 学号 | | | |
|---|---|---|---|---|---|---|---|
| 测评内容 | | 测评标准 | | 分值 | 自评 | 组评 | 师评 |
| 显示、隐藏页面元素效果 | | 单击元素事件的使用 | | 30 | | | |
| 键盘输入文本框背景变化效果 | | 键盘事件的使用 | | 20 | | | |
| 表单提交非空校验效果 | | 表单提交事件的使用 | | 20 | | | |
| 图片放大效果 | | 移入、移出元素事件的处理 | | 30 | | | |

【练习园地】

一、单选题

1. 在一个表单中，如果想要给输入框添加一个输入验证，可以用（　　）事件实现。

A. hover(over,out)　　B. keypress(fn)　　　C. change()　　　　　D. change(fn)

2. 在 jQuery 中，关于绑定事件和移除事件说法，错误的是（　　）。

A. 绑定事件是使用 binding() 进行绑定的

B. 绑定事件可以给元素同时绑定多个

C. 移除事件可以移除一个或者全部

D. 移除事件是使用 unbind() 进行移除的

3. 在 jQuery 中，既可以绑定两个或多个事件处理器函数，以响应被选元素的轮流的 click 事件，又可以切换元素可见状态的方法是（　　）。

A. hide()　　　　　　B. toggle()　　　　　C. hover()　　　　　D. slideUp()

二、操作题

登录豆瓣官网 https://www.douban.com/，完成用户名、密码输入框非空后，"登录按钮可用"的特效。网页效果如图 4-16 所示。

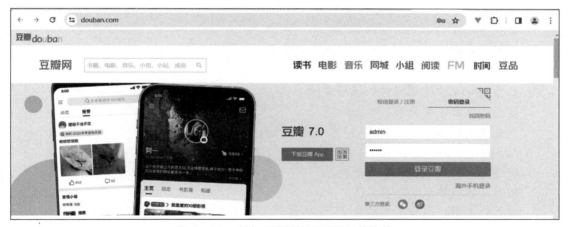

图 4-16　完成"登录按钮可用"的特效

# 项目 5
# jQuery 开发页面动画

**书证融通**

本项目对应《Web 前端开发职业技能初中级标准》中的"能使用 jQuery 提供的自定义动画方法开发网站交互效果页面"，从事 Web 前端开发的初中级工程师应当熟练掌握。

**知识目标**

1. 掌握 jQuery 的显示/隐藏动画方法。

2. 掌握 jQuery 的自定义动画 animate( ) 方法。

3. 掌握 jQuery 中停止动画的作用及使用方法。

**技能目标**

1. 熟悉 jQuery 中常用动画的使用方法。

2. 掌握如何自定义动画。

3. 学会使用 jQuery 中的 stop( ) 方法停止动画。

**素质目标**

1. 培养对工作严肃、认真的态度。

2. 培养关注新技术动态的习惯。

3. 培养职业责任感和专业精神。

**1 + X 考核导航**

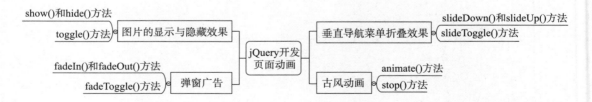

**项目描述**

在 Web 开发中，动画的使用可以使页面更加灵动，进而增强用户体验与感受。jQuery 中内置了一系列方法用于实现显示与隐藏动画，还可以自定义动画完成更多的动画效果。

## 任务 5.1　图片的显示与隐藏效果

### 知识链接

最简单的动画效果就是元素的显示与隐藏。在 jQuery 中，使用 show( ) 方法可以显示元素，使用 hide( ) 方法可以隐藏元素。如果把 show( ) 与 hide( ) 方法配合起来，就可以设计最基本的显/隐动画，语法格式见表 5 – 1。

表 5 – 1　控制元素显示和隐藏效果的方法

| 方法名 | 描述 |
|---|---|
| show( [ **duration** ] , [ **easing** ] , [ **callback** ] ) | 显示元素 |
| hide( [ **duration** ] , [ **easing** ] , [ **callback** ] ) | 隐藏元素 |
| toggle( [ **duration** ] , [ **easing** ] , [ **callback** ] ) | 切换显示与隐藏元素 |

表中参数 duration 表示动画进行的时长，单位是毫秒。除了直接使用毫秒来控制速度外，还可以使用 jQuery 提供的三种预设速度参数字符串：slow、normal 和 fast，分别对应动画时长 600 ms、400 ms 和 200 ms。不管是传递毫秒数还是传递预设字符串，如果不小心传递错误或者传递空字符串，那么它将采用默认值 400 ms。

参数 easing 表示要使用的过渡效果的名称，如 "linear" 或 "swing"，默认是 "swing"。

clallback 表示在动画完成时执行的函数。

show( )、hide( ) 和 toggle( ) 方法中的 3 个参数为可选，如果不带任何参数，就是立即显示或隐藏匹配的元素集合，不带任何动画效果。

### 任务描述

使用 show( )、hide( ) 和 toggle( ) 方法绑定按钮单击事件，实现图片显示与隐藏动画效果。网页初始效果如图 5 – 1 所示。

图 5 – 1　显示与隐藏动画的方法网页初始效果

### 任务实施

**1. 创建 HTML5 网页**

在 Web 站点目录 ch05 文件夹下创建网页 demo5 – 1 – 1. html。HTML 与 CSS 代码片段如下：

```
div{margin:30px;}
<h2>显示与隐藏</h2>
<input type="button" value="show()"/>
<input type="button" value="hide()"/>
<input type="button" value="toggle()"/>
<div><img src="img/tu1.jpg"/></div>
```

### 2. 绑定按钮单击事件

使用 show( )、hide( ) 和 toggle( ) 方法绑定按钮单击事件，实现图片的显示与隐藏动画效果。代码如下：

```
$(function(){
    //show()
    $('input').eq(0).click(function(){
    //格式一
    // $('div').show();
    //格式二
    // $('div').show(2000);
    //格式三
    // $('div').show('fast');
    //格式四
    // $('div').show(2000,'linear');
    //格式五
    $('div').show(2000,function(){alert('动画演示完毕! ');});});
    //hide()
    $('input').eq(1).click(function(){$('div').hide(1000);});
    //toggle()
    $('input').eq(2).click(function(){$('div').toggle(1000);});});
```

### 3. 运行网页

在浏览器中预览网页文件，单击 3 个按钮观察网页效果，运行效果如图 5-2 所示。

图 5-2　显示与隐藏动画页面运行效果

## 任务解析

在上述代码中，格式一，show（）方法没有带参数，表示不带动画效果，div 元素立刻显示。格式二，show（）方法参数 2 000 表示实现显示的动画时长是 2 000 ms。格式三，show（）方法参数为"fast"，表示预设速度参数，实现显示的动画时长为 200 ms。格式四，show（）方法的参数"linear"是使用的过渡效果的名称，表示线性匀速地完成显示动画。格式五，show（）方法使用回调函数，表示在动画完成时执行弹窗 alert（）方法。

**素质课堂——追求简单、高效、可靠的编程风格**

在编程实践中，我们应该遵循"奥卡姆剃刀原则"，即"如无必要，勿增实体"。这意味着应该尽可能地减少不必要的代码和复杂性，只保留核心功能和逻辑。这样的代码更加简洁明了，易于理解和维护，也更能保证程序的稳定性和可靠性。采用最简单的解决方案不仅是对编程实践的要求，更是对职业素养和服务意识的考验。应该时刻保持对技术的敬畏之心，追求简单、高效、可靠的编程风格，为用户和社会提供更优质的技术产品和服务。

## 任务 5.2　弹窗广告

5.2.1　fadeIn（）、
fadeOut（）和
fadeTo（）方法

使用淡入和淡出方法实现弹窗广告效果。

**任务活动 1　图片的淡入与淡出效果**

## 知识链接

除了 show（）方法和 hide（）方法，jQuery 还提供了淡入与淡出动画，通过透明度的变化来实现动画效果。语法格式见表 5 – 2。

表 5 – 2　淡入与淡出方法

| 方法名 | 描述 |
| --- | --- |
| fadeIn（[ duration ]，[ easing ]，[ callback ]） | 淡入显示元素 |
| fadeOut（[ duration ]，[ easing ]，[ callback ]） | 淡出隐藏元素 |
| fadeToggle（[ duration ]，[ easing ]，[ callback ]） | 切换淡入与淡出元素 |
| fadeTo（[ duration ]，opacity，[ easing ]，[ callback ]） | 调整不透明度到指定值 |

表中参数 duration、easing、callback 的用法与 show（）、hide（）方法的相同，参数 opacity 表示目标元素透明度，是一个 0 ~ 1 之间的数字。

图 5-3 淡入与淡出动画
网页初始效果

### 任务描述

使用 fadeIn( )、fadeOut( )、fadeToggle( ) 和 fadeTo( ) 方法绑定按钮单击事件，实现图片淡入与淡出动画效果。网页初始效果如图 5-3 所示。

### 任务实施

#### 1. 创建 HTML5 网页

在 Web 站点目录 ch05 文件夹下创建网页 demo5-2-1.html。HTML 与 CSS 代码片段如下：

```
div{margin:30px;}
<h2>淡入与淡出</h2>
<input type="button" value="fadeIn()"/>
<input type="button" value="fadeOut()"/>
<input type="button" value="fadeToggle()"/>
<input type="button" value="fadeTo()"/>
<div><img src="img/tu2.jpg"/></div>
```

#### 2. 绑定按钮单击事件

通过绑定按钮的单击事件，使用淡入与淡出动画方法。代码如下：

```
$(function(){
    //fadeIn()
    $('input').eq(0).click(function(){$('div').fadeIn(1000);});
    //fadeOut()
    $('input').eq(1).click(function(){$('div').fadeOut(1000);});
    //fadeToggle()
    $('input').eq(2).click(function(){$('div').fadeToggle(1000);});
    //fadeTo()
    $('input').eq(3).click(function(){$('div').fadeTo(1000,0.3);});});
```

#### 3. 运行网页

在浏览器中预览网页文件，单击 4 个按钮观察网页效果，运行效果如图 5-4 所示。

### 任务解析

在上述代码中，第一个按钮单击事件使图片 1 s 完成淡入动画，第二个按钮单击事件使图片 1 s 完成图片的淡出动画，第三个按钮单击事件使图片可以进行淡入与淡出动画的切换，第四个按钮单击事件使图片透明度样式 opacity 的值通过动画效果设置到 0.3。

图 5 - 4 淡入与淡出页面运行效果

**任务描述**

弹窗广告是指打开网站后自动弹出的广告，深受广告用户的喜爱。早期弹窗广告使用 Flash 软件制作文件，容量大，网页加载慢，用户体验感不好；使用 jQuery 提供的动画方法实现简单，文件容量小。弹窗广告弹出后的网页效果如图 5 - 5 所示。

5.2.2 1 + X 实战案例——弹窗广告

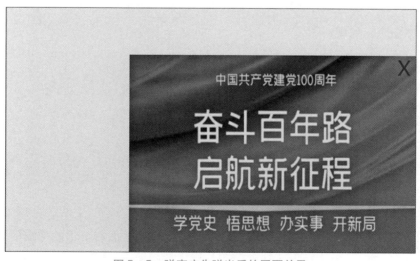

图 5 - 5 弹窗广告弹出后的网页效果

**任务实施**

**1. 创建 HTML5 网页**

在 Web 站点目录 ch05 文件夹下创建网页 demo5 - 2 - 2. html。HTML 与 CSS 代码片段

如下：

```
#pop{
      position:fixed;
      right:0;
      bottom:0;
      display:none;}
#pop > span{
      display:inline - block;
      width:30px;
      height:30px;
      position:absolute;
      top:0;
      right:0;
      cursor:pointer;
      font - size:25px;
      text - align:center;
      line - height:30px;
      color:#333;}
      < div id = "pop" >
                  < img src = "img/bai.jpg"/>
                  < span >X < /span >
      < /div >
```

### 2. 实现弹窗广告效果

使用 fadeIn( ) 方法实现弹窗效果。代码如下：

```
$ ( function( ){
//1. 显示弹窗广告
$ ('#pop'). fadeIn(1000);
//2. 单击 X 隐藏弹窗广告
$ ('#pop span'). click(function( ){   $ ('#pop'). hide(800);});});
```

任务解析

　　在上述代码中，当页面加载时，通过 fadeIn( ) 方法让页面右下角的弹窗图片渐入显示，当单击"X"时，通过 hide( ) 方法让弹窗图片慢慢地隐藏。

**素质课堂——培养关注新技术动态的习惯**

　　作为程序员，关注新技术跟踪动态变化是我们不断学习和进步的重要体现。在当今信息爆炸的时代，技术更新换代的速度日益加快，新技术、新框架、新工具层出不穷。因此，需要时刻保持敏锐的洞察力和学习欲望，紧跟技术发展的步伐。

　　关注新技术动态不仅能够帮助提升个人技能，更好地满足职业发展的需求，还能够培养创新意识和创新精神。通过学习新技术，可以不断拓宽自己的技术视野，激发创新思维，为解决问题提供更高效、更创新的方案。

## 任务 5.3　垂直导航菜单折叠效果

　　使用滑动动画实现垂直导航菜单折叠效果。

### 任务活动 1　图片的滑动效果

**知识链接**

　　使用 slideDown( ) 和 slideUp( ) 方法实现元素上滑、下滑动画效果，滑动方法是通过改变元素的高度来实现动画效果。语法格式见表 5–3。

5.3.1　slideDown( ) 和 slideUp( ) 方法

表 5–3　滑动动画

| 方法名 | 描述 |
| --- | --- |
| slideDown([duration],[easing],[callback]) | 向下滑动显示元素 |
| slideUp([duration],[easing],[callback]) | 向上滑动隐藏元素 |
| slideToggle([duration],[easing],[callback]) | 切换向下与向上滑动元素 |

　　表中参数 duration、参数 easing、参数 callback 的用法与前面介绍的 show( )、fadeIn( ) 等方法相同。

**任务描述**

　　使用 slideDown( ) 和 slideUp( ) 方法绑定按钮单击事件，实现图片上滑与下滑动画效果，网页初始效果如图 5 – 6 所示。

图 5 – 6　滑动动画的方法网页初始效果

**任务实施**

### 1. 创建 HTML5 网页

在 Web 站点目录 ch05 文件夹下创建网页 demo5 – 3 – 1. html。HTML 与 CSS 代码片段如下：

```
div{margin:30px;}
<h2>上滑和下滑</h2>
<input type="button" value="slideDown()" />
<input type="button" value="slideUp()" />
<input type="button" value="slideToggle()" />
<div>
        <img src="img/tu4.jpg" />
</div>
```

### 2. 绑定按钮单击事件

绑定按钮的单击事件，使用滑动动画的方法。代码如下：

```
$(function(){
    //slideDown()
    $('input').eq(0).click(function(){$('div').slideDown(1000,function(){
                alert('下滑动画结束! ');});});});
```

```
// slideUp()
$('input').eq(1).click(function(){$('div').slideUp(1000,function(){
            alert('上滑动画结束！');}));});
// slideToggle()
  $('input').eq(2).click(function(){$('div').slideToggle(1000);});});
```

**3. 运行网页**

在浏览器中预览网页文件，单击 3 个按钮观察网页效果，运行效果如图 5－7 所示。

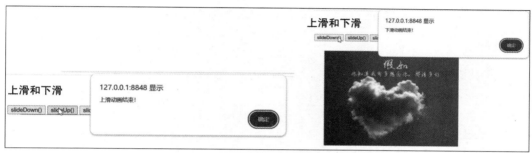

图 5－7　上滑和下滑动画页面运行效果

**任务解析**

在上述代码中，第一个按钮单击事件使图片 1 s 完成下滑动画，第二个按钮单击事件使图片 1 s 完成图片的上滑动画，第三个按钮单击事件使图片可以进行上滑与下滑动画的切换。

**任务活动 2　1＋X 实战案例——实现垂直导航菜单效果**

**任务描述**

网站首页的导航菜单为用户浏览网页提供便捷性，网站导航栏中的大多数选项都含有二级菜单，当用户单击导航选项时，二级菜单显示，再次单击时，二级菜单隐藏。单击其他导航选项时，已打开的二级菜单折叠，网页效果如图 5－8 和图 5－9 所示。

5.3.2　1＋X 实战案例——垂直导航菜单效果

图 5－8　垂直导航菜单初始效果

图 5－9　单击导航选项时效果

133

## 任务实施

### 1. 创建 HTML5 网页

在 Web 站点目录 ch05 文件夹下创建网页 demo5 – 3 – 2. html。HTML 与 CSS 代码片段如下：

```css
ul{
    list-style:none;
    padding:0;
    margin:0}
#fold{
    width:150px;
    border:1px solid #515E7B;
    margin:10px;}
#fold>ul>li{
    background:#515E7B;
    border-bottom:1px solid #fff;
    cursor:pointer;}
#fold>ul>li a{
    text-decoration:none;
    color:#fff;
    font-size:16px;
    height:40px;
    line-height:40px;
    padding-left:10px;}
.wrap{
    width:150px;
    display:none;}
.wrap li{
    background:#fff;
    margin:0;}
.wrap li a{
    color:#3B475F ! important;
    font-size:12px;}
  <div id="fold">
    <ul>
        <li>
            <a href="#">信息管理</a>
            <ul class="wrap">
                <li><a href="#">未读信息</a></li>
                <li><a href="#">已读信息</a></li>
                <li><a href="#">信息列表</a></li>
```

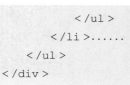

```
            </ul>
        </li>......
    </ul>
  </div>
```

#### 2. 实现垂直导航折叠效果

使用 slideToggle( ) 和 slideUp( ) 实现垂直导航菜单的展开与合上的效果。代码如下：

```
$(function(){
    $('#fold>ul>li').click(function(){
        //当前发生事件的对象下的.wrap设置上滑、下滑切换动画
        $(this).children('.wrap').slideToggle('slow');
        //除了当前发生事件的对象下的.wrap设置上滑动画隐藏
        $(this).siblings().children('.wrap').slideUp('slow');});});
```

**任务解析**

在上述代码中，给导航菜单选项 li 元素绑定单击事件，通过 slideToggle( ) 方法实现当前单击 li 元素进行上滑与下滑动画切换，使用 siblings( ).children( '.wrap' ) 方法选中除了当前发生事件的元素下类为 ". wrap" 的二级菜单 ul 元素，使其上滑进行隐藏。

**素质课堂——培养对工作严肃、认真的态度**

在开发代码的过程中，对待警告的态度往往决定了项目的质量和稳定性。编程中的警告，虽然不会像错误那样直接中断程序的执行，但它们往往揭示了代码中的潜在问题，比如不规范的用法、可能的性能"瓶颈"或者潜在的兼容性问题。如果对这些警告视而不见，或者轻描淡写地处理，那么最终可能会导致更严重的后果，比如程序的崩溃、数据的丢失，甚至安全漏洞的出现。

因此，应该将警告视为错误的"预警信号"，以严肃的态度对待它们。每一个警告都应该引起足够重视，通过深入排查和分析，找到问题的根源并解决它。这种对细节的追求和对质量的坚守，不仅体现了作为程序员的专业素养，更是一种对用户负责、对产品负责、对社会负责的态度。

## 任务 5.4　古风动画

使用自定义动画实现古风动画效果。

**任务活动 1** 图片的运动效果

### 知识链接

5.4.1 定义动画 animate（）方法

当 jQuery 提供的简单动画无法满足复杂的动画需求时，可以使用 animate（）方法创建自定义动画来实现更多复杂多变的动画效果。animate（）是 jQuery 动画的核心方法，上述动画方法都是建立在该方法基础上。

animate（）方法通过设置 CSS 样式将元素从一个状态改变为另一个状态，CSS 属性值是逐渐改变的，这样就可以创建动画效果。语法格式见表 5-4。

表 5-4  animate（）方法

| 方法名 | 描述 |
|---|---|
| animate（properties，[*duration*]，[*easing*]，[*callback*]） | 自定义动画 |

表中可选参数 duration、参数 easing、参数 callback 的用法与 show（）等其他动画方法相同。参数 properties 表示一组 CSS 属性键值对，用来设置元素要变化的样式，称为"动画终点样式"。

注意：只有要变化的属性值为数值时，才可以创建动画（比如"margin：30px"），字符串值无法创建动画（比如"color：red"），还可以使用"＋＝"或"－＝"来创建相对动画。

### 任务描述

使用自定义动画 animate（）方法使图片实现向右移动的动画效果，网页初始效果如图 5-10 所示。

### 任务实施

图 5-10  自定义动画方法网页初始效果

**1. 创建 HTML5 网页**

在 Web 站点目录 ch05 文件夹下创建网页 demo5-4-1. html。HTML 与 CSS 代码片段如下：

```
div{margin:30px;
  position:relative;}
<h2>自定义动画</h2>
<input type = "button" value = "animate()" />
  <div>
  <p>努力</p>
  <img src = "img/tu5.jpg" />
</div>
```

**2. 绑定按钮单击事件**

通过绑定按钮的单击事件测试自定义动画方法的语法格式及功能。代码如下：

```
$(function(){
    //animate()
    $('input').eq(0).click(function(){
        //格式一
    $('div').animate({left:'200px'},1000);
        //格式二
    //  $('div').animate({left:'200px',fontSize:30},1000);
        //格式三
    //  $('div').animate({left:'+=100px',},1000,function(){
    //  $('p').css('color','red'););});
    });
```

**3. 运行网页**

运行效果如图 5 – 11 ~ 图 5 – 13 所示。

图 5 – 11　格式一网页效果

图 5 – 12　格式二网页效果

图 5 – 13　格式三网页效果

**任务解析**

在上述代码中，animate( ) 方法的第一种格式设置元素定位样式 left 从 0 px 到 200 px 的动画效果。第二种格式以键值对的形式设置了 left 样式和 fontSize 样式的状态变化的动画效果。第三种格式通过 "＋＝100px" 设置每执行一次动画方法，left 样式的值在原值的基础上增加 100 px 的动画效果。动画结束后，p 元素包含的 "努力" 文字颜色变红。

5.4.2　停止动画 stop( ) 方法

**任务活动 2　停止动画 stop( ) 方法**

**知识链接**

　　如果在事件处理函数中连续或同时触发了多个动画，并且这些动画之间存在依赖关系或互斥性，就可能会产生冲突。这可能会导致元素在动画过程中表现异常，或者动画效果不完全符合预期。为了解决这些冲突，开发者需要确保动画之间的逻辑是协调的，并且理解动画的执行顺序和它们如何相互影响。jQuery 提供了 stop( ) 函数来解决这个问题，stop( ) 函数用于停止正在运行的动画。语法格式见表 5 – 5。

表 5 – 5　stop( ) 方法

| 方法名 | 描述 |
| --- | --- |
| stop([*clearQueue*],[*jumpToEnd*]) | 停止正在运行中的动画 |

　　如果调用无参的 stop( ) 方法表示停止当前动画，继续执行动画队列里的动画。

　　表中参数 clearQueue（可选）是一个布尔值，表示是否要清除动画队列中的所有未执行的动画。默认值为 false，表示只停止当前正在运行的动画，队列中的其他动画将保留并可能在当前动画停止后继续执行。如果设置为 true，则队列中的所有动画都将被清除，并且不会执行。

　　表中参数 jumpToEnd（可选）是一个布尔值，指示是否立即完成当前动画的最终状态。默认值是 false，意味着元素将保持其当前状态，不会跳转到动画的最终状态。如果设置为 true，则元素会立即过渡到动画的最终样式。

**任务描述**

　　使用 stop( ) 方法 3 种语法形式绑定"stop"按钮单击事件，演示让正在运动的图片停下来。网页初始效果如图 5 – 14 所示。

**任务实施**

图 5 – 14　停止动画方法网页初始效果

**1. 创建 HTML5 网页**

　　在 Web 站点目录 ch05 文件夹下创建网页 demo5 – 4 – 2. html。HTML 与 CSS 代码片段如下：

```
div{margin:30px;
    width:350px;
    height:250px;
    background:url(img/tu6.jpg);
```

```
              position:relative;}
<h2>停止动画</h2>
<input type="button" value="animate()"/>
<input type="button" value="stop()" />
<div></div>
```

## 2. 绑定按钮单击事件

通过绑定 stop() 按钮的单击事件让正在执行动画的图片停下来。代码如下：

```
$(function(){
//animate()
  $('input').eq(0).click(function(){
    $('div').fadeIn(1000).animate({left:300},1000)
          .animate({width:700},1000)
          .animate({top:100},1000);});
        //stop()
        $('input').eq(1).click(function(){
            //格式一
            $('div').stop();
            //格式二
            // $('div').stop(true);
            //格式三
            // $('div').stop(true,true);});});
```

## 3. 运行网页

在浏览器中预览网页文件，演示 stop() 方法的 3 种语法形式如何停止动画，运行效果如图 5-15~图 5-17 所示。

图 5-15　格式一网页效果

图 5-16　格式二网页效果

图 5-17　格式三网页效果

**任务解析**

在上述代码中，stop() 方法的第一种格式不带任何参数，它的作用是停止当前执行的动画，继续执行动画队列中的动画。第二种格式带一个为 true 的参数，其作用是停止当前执行的动画，清除动画队列中的所有未执行的动画。第三种格式中，2 个参数都为 true，表示当前执行的动画迅速跳转到动画的最终状态，清除动画队列。

### 素质课堂——培养职业责任感和专业精神

在使用 jQuery 进行网页开发时，要严格遵守编程语言的规则和约定，例如变量命名应清晰、直观，并且遵循一定的命名约定。在多数编程语言中，变量名通常以小写字母开头，后续单词首字母大写（即驼峰命名法）。此外，变量名应能准确反映其存储数据的类型和意义，以提高代码的可读性，以及易于维护和修改。代码规范不仅可以减少程序中的错误和漏洞，提高工作效率和软件的质量，是一个优秀的职业化的开发团队所必需的素质，还体现了对技术细节的关注和对工作负责的态度。这种对编程规范和职业道德的遵守，有助于培养职业责任感和专业精神，提高在团队协作中的价值和贡献。

### 任务活动3　1＋X 实战案例——古风动画

**任务描述**

5.4.3　1＋X 实战
案例——古风动画

在现代网站设计中，动画和交互元素的应用是至关重要的。它们可以增加用户的参与度和注意力，并提供更好的用户体验。在页面加载时使用加载动画可以吸引用户的注意力，同时，也传达了网站正在加载的信息，以提高用户的等待体验。本任务将使用 jQuery 动画方法实现古风动画的网页效果。网页效果如图 5－18 和图 5－19 所示。

图 5－18　古风
动画页面初始效果

图 5－19　古风动画完成后效果

**任务实施**

**1. 创建 HTML5 网页**

在 Web 站点目录 ch05 文件夹下创建网页 demo5－4－3. html。HTML 与 CSS 代码片段

如下：

```
<style type="text/css">
.center{
    width:1000px;
    margin:0 auto 0;}
.content{
    position:relative;
    width:900px;
    height:460px;
    margin:40px auto;}
.l-pic{
    /* display:none;*/
    position:absolute;
    left:400px;
    top:1px;
    z-index:2;
    width:50px;
    height:460px;
    background:url("../images/j1.png")no-repeat right 0;}
.r-pic{
    /* display:none;*/
    position:absolute;
    right:400px;
    top:0;
    z-index:2;
    width:50px;
    *width:82px;
    height:460px;
    background:url("../images/j4.png")no-repeat left 0;}
.l-bg{
    position:absolute;
    top:-3px;
    left:430px;
    z-index:1;
    width:25px;
    height:459px;
    background:url("../images/j2.png")right 0 no-repeat;}
.r-bg{
    position:absolute;
    top:-4px;
    right:430px;
    z-index:1;
```

```
    width:25px;
    height:459px;
    background:url("../images/j3.png")0 0 no-repeat;}
.main{
    display:none;
    overflow:hidden;
    zoom:1;
    position:absolute;
    z-index:5;
    width:530px;
    height:280px;
    left:145px;
    top:90px;
    color:#2e2e2e;}
.text{
    margin:10px 0 0 44px;
    line-height:1.8;
    text-indent:30px;}
</style>
<body>
    <div class="content">
        <div class="l-pic"></div>
        <div class="r-pic"></div>
        <div class="l-bg"></div>
        <div class="r-bg"></div>
        <div class="main">
            <p class="text">
                传统音乐是在以典河流域为中心的中原音乐和四域音乐以及外国音乐的交流融合之中形成发展起来的。
            </p>
        </div>
    </div>
</body>
```

## 2. 自定义动画

使用自定义动画 animate( ) 方法实现古风动画效果。代码如下：

```
$(function(){
    //左边滚轴的动画
    $(".l-pic").animate({'left':'95px','top':'-4px'},1800);
    //右边滚轴的动画
    $(".r-pic").animate({'right':'-23px','top':'-5px'},1800);
```

```
//左边图片的动画
$(".l-bg").animate({'width':'433px','left':'73px'},2000);
//右边图片的动画
$(".r-bg").animate({'width':'433px','right':'-38px'},2000,function(){
//右边图片的动画完成后,文字渐入动画
$(".main").fadeIn(1000);});
$(".l-bg,.r-bg").mouseover(function(){
//所有有动画的元素停止动画,并直接到结束位置
$(':animated').stop(true,true);  });  });
```

## 任务解析

在上述代码中,页面加载时,使用 animate() 方法设置各元素不同的动画样式,并同时执行让卷轴打开,背景图片显示出来后,文字淡入。当鼠标移入背景图片时,$(':animated') 判断是否有动画正在执行,使用 stop(true,true) 方法让当前正在执行的所有动画迅速跳转到动画的最终状态并清除动画队列,卷轴迅速全部展开。

## 【项目小结】

在 Web 开发中,发现使用原生 JavaScript 创建复杂的动画效果不仅编写起来烦琐,还难以维护和调试。此外,由于动画逻辑和页面逻辑混杂在一起,使代码的可读性和可重用性都受到了挑战。通过图片的显示与隐藏效果、弹窗广告和垂直导航栏折叠效果的学习,了解 jQuery 封装的显示与隐藏、淡入与淡出、滑动动画函数,使用 jQuery 动画库大大简化了动画的编写过程。使用 animate() 方法可以实现页面的复杂动画效果,使用 stop() 方法可以精确控制动画的执行,确保动画按照预期进行,避免动画冲突或重叠。

通过 jQuery 开发页面动画项目的学习,使读者熟悉结合 CSS3 的动画、过渡效果以及自定义函数 animate() 可以实现更丰富的动画效果,提升网页的吸引力和交互性。

## 项目测评

根据课堂学习情况和项目任务完成情况,进行评价打分。

| 项目名称 | jQuery 开发页面动画 | 姓名 | | 学号 | | | |
|---|---|---|---|---|---|---|---|
| 测评内容 | 测评标准 | | 分值 | 自评 | 组评 | 师评 | |
| 显示与隐藏动画 | 掌握显示与隐藏动画的编写 | | 10 | | | | |
| 淡入与淡出动画 | 掌握淡入与淡出动画的编写 | | 10 | | | | |
| 弹窗广告 | 能灵活运用以上动画方法完成弹窗广告的编写 | | 10 | | | | |
| 滑动动画 | 能运用滑动动画方法 | | 10 | | | | |
| 垂直导航菜单 | 能灵活运用滑动动画方法完成垂直导航菜单的编写 | | 10 | | | | |

| 项目<br>名称 | jQuery 开发<br>页面动画 | 姓名 | | 学号 | |
|---|---|---|---|---|---|
| 测评内容 | | 测评标准 | 分值 | 自评 | 组评 | 师评 |
| 自定义动画 | | 能熟练使用自定义动画方法 | 15 | | | |
| 停止动画 | | 会使用停止动画 stop（） 方法 | 15 | | | |
| 古风动画 | | 能灵活运用自定义动画和停止动画完成古风动画的编写 | 20 | | | |

【练习园地】

一、单选题

1. jQuery 中，不是表示运动时间的词语的是（    ）。

A. slow            B. normal            C. fast            D. quickly

2. jQuery 中，（    ）方法是设置元素的隐藏状态。

A. none            B. block（）            C. show（）            D. hide（）

3. jQuery 中，fadeTo（） 方法语法格式如下：

```
$(selector).fadeTo(speed,opacity,callback);
```

描述正确的是（    ）。

A. speed 的值可以是 slow 或 normal

B. callback 参数会在所有元素的动画执行完成后执行

C. opacity 参数的取值范围是 1～100

D. fadeTo（） 方法的效果可以在 fadeIn（） 和 fadeOut（） 两种效果间切换

4. 下列关于 jQuery 中的方法，说法错误的是（    ）。

A. slideDown（） 方法控制元素的向下滑动

B. show（） 方法控制元素的显示

C. toggle（） 方法用于控制元素的透明度切换

D. fadeOut（） 方法控制元素的淡出

5. 下列方法中，表示以滑动方式隐藏元素的是（    ）。

A. event（）            B. slideDown（）            C. if（）            D. is（）

6. 在 jQuery 的命令窗口进行自动卷动动画，下列写法正确的是（    ）。

A.  $（"html,body"）.animate（｛"scrollTop"：5000｝,800）

B.  $（"html,body"）.css（｛"scrollTop"：5000｝,800）

C.  $（"html,body"）.animate（｛"scrollTop",5000｝,800）

D.  $（"html,body"）.css（｛"scrollTop",5000｝,800）

7. jQuery 中，关于 stop（） 说法错误的是（    ）。

A. stop（） 停止当前动画，后续动画继续执行

B. stop（true） 停止当前动画，后续动画不执行

C. stop（true,true） 停止当前动画，直接跳到当前动画的最终状态，后续动画不执行

D. stop(true,true) 停止当前动画，直接跳到当前动画的最终状态，后续动画继续执行

二、操作题

2023 年金秋十月，中共中央总书记、国家主席、中央军委主席习近平来江西考察时强调，要紧紧围绕新时代新征程党的中心任务，完整准确全面贯彻新发展理念，牢牢把握江西在构建新发展格局中的定位，立足江西的特色和优势，着眼高质量发展、绿色发展、低碳发展等新要求，解放思想、开拓进取、扬长补短、固本兴新，努力在加快革命老区高质量发展上走在前、在推动中部地区崛起上勇争先、在推进长江经济带发展上善作为，奋力谱写中国式现代化江西篇章。

以习近平总书记到江西考察为主题制作拼图轮播效果，切换图片时，图片切割成若干相同大小的正方形或矩形块逐步淡入，当小的正方形或矩形全部淡入后，最终拼成一张完整的图片。网页效果如图 5－20 所示。

图 5－20　网页效果

# 项目 6

## 常见运动特效开发

**书证融通**

本项目对应《Web 前端开发职业技能初中级标准》中的"能熟练使用 jQuery 事件和动画功能开发网站交互效果页面",从事 Web 前端开发的初中级工程师应熟练掌握。

**知识目标**

1. 掌握 CSS 选择器和 jQuery 遍历函数。

2. 掌握 DOM 元素内容、属性、CSS 样式。

3. 掌握 jQuery 提供的动画和效果函数。

**技能目标**

1. 熟悉并能够运用各种 jQuery 选择器。

2. 熟悉 DOM 的基本操作。

3. 能够使用队列和链式调用来组合多个动画效果。

**素质目标**

1. 增强民族文化自信。

2. 激发爱国情感和奋斗精神。

3. 培育艰苦奋斗、勇于开拓的精神。

**1 + X 考核导航**

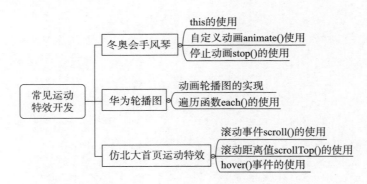

**项目描述**

　　本项目使用 jQuery 选择器、jQuery 操作 DOM、jQuery 事件和动画等开发网页常见交互效果和运动特效。本项目选取冬奥手风琴、华为轮播图和仿北京大学首页运动特效 3 个典型工作实战案例展开学习。

## 任务 6.1　冬奥会手风琴

**任务描述**

　　4 张图片叠在一起排列，默认最上面一张图片展开，当鼠标移入文字区域时，此张图片展开，其他图片折叠。网页效果如图 6–1 所示。

图 6–1　冬奥会手风琴特效

【手风琴布局分析】

　　网页布局思路是，使用 div 包含 ul 列表，ul 列表包含 4 个 li 列表项，图片设为 4 个列表项的背景图，实现图片水平排列。

　　列表项 li 标签包含 a 标签，a 标签包含 div，div 包含 2 个 p 标签，在 p 标签上输入标题内容，实现两行文字竖向排列。

6.1.1　页面布局实现

　　使用 CSS 样式设置最上面一张图片初始状态为全部展开，li 标签的宽度为图片全部宽度。其他 3 个 li 宽度为 100 px，并设置文字区域元素背景色为透明；li 包含 2 个 p 标签，在 p 标签上写入标题内容，p 标签的宽度为文字大小，实现文字竖向排列。

【手风琴动画分析】

　　页面的初始状态是：最上面一张图片初始状态全部展开，当鼠标移入文字区域 div 标签上时，展开该图片，其他图片折叠。使用自定义动画 animate( ) 方法改变 li 标签的宽度大小，即可实现图片展开、折叠动画特效。

## 任务实施

### 1. 页面布局设计

在 Web 站点目录 ch06 文件夹下创建网页 demo6 – 1. html。HTML
代码片段如下：

```html
< div class = "pic" >
    < ul >
        < li class = "pic1" >
        < a href = "javascript:;" >
        < div class = "txt" >
                < p class = "p1" >作者 :冰墩墩 雪容融 < /p >
                < p class = "p2" >以二十四节气作为倒计时彰显中国风 < /p >
                < /div >
                .......
        < /ul >
< /div >
```

### 2. 编写 CSS 样式

```css
*{  padding:0;
    margin:0;
    font - family:"微软雅黑";
list - style - type:none;}
a{text - decoration:none;}
.pic{width:1920px;
    height:400px;
    margin - top:70px;}
.pic1{background:url(1.jpg);}
.pic2{background:url(2.jpg);}
.pic3{background:url(3.jpg);}
.pic4{background:url(4.jpg);}
.pic ul li{float:left;
    width:100px;
    height:400px;}
.txt{background:#000;
    /* 背景透明度 opacity:0.4;*/
background - color:rgba(0,0,0,0.4);
    height:400px;
    width:100px;}
.txt p{float:left;
```

```
    color:#fff;}
.txt.p1{font-size:12px;
    width:12px;
    padding:25px 25px 0 20px;}
.txt.p2{font-size:14px;
    width:14px;
    margin-top:25px;}
.pic ul.pic4{width:1066px;}
```

### 3. 绑定移入事件

li 标签绑定鼠标移入事件，Script 代码如下：

```
$(".pic ul li").mouseover(function(){
    $(this).stop().animate({width:"1066px"},500)
        .siblings().stop().animate({width:"100px"},500);})
```

**任务解析**

　　手风琴特效是当鼠标移入文字区域 div 标签时展开该张图片，其他图片折叠。使用自定义动画 animate() 方法改变 li 标签的 width 大小。在上述代码中，li 标签绑定移入事件，$(this) 代表当前对象，通过用 animate() 方法改变 li 标签的 width 为 1 066 px，展开当前 li 标签；siblings() 代表当前对象的兄弟标签，通过用 animate() 方法改变 li 标签的 width 为 100 px，折叠当前 li 标签的其他兄弟标签，即可实现手风琴动画效果。

**素质课堂——增强文化自信**

　　2022 年 2 月 4 日，举世瞩目的北京冬奥会开幕式在国家体育场"鸟巢"成功举行，中国文化又一次惊艳了全世界。二十四节气的倒计时设计、晶莹剔透的"冰雪五环"、浪漫唯美的雪花火炬台、璀璨夺目的数字光影、独具创意的环保点火，点燃了全世界人民的冰雪激情。

　　中国有五千年的文化和历史，北京冬奥会又恰逢立春时节，用二十四节气串起倒计时的方式印证第 24 届冬季奥运会，这是世界独有的创意。每个节气都有对应的古诗词，立春是二十四节气的首个节气，"立春始，万物生"这是中国文化自信。

任务 6.2 　华为轮播图

知识链接

　　轮播图，或称 banner 图、广告图、焦点图。它是一个模块或者说窗口，当打开网站、App、小程序等应用的首页时，首先映入眼帘的就是轮播图。轮播图动画特效存在于各种类型的网站首页中，登录华为官网观察轮播图动画特效。

任务描述

　　图片每隔 2 s 自动向后切换图片，单击左、右箭头实现前、后切换图片，单击圆点切换到圆点对应的图片，实现网页轮播图效果。网页效果如图 6-2 所示。

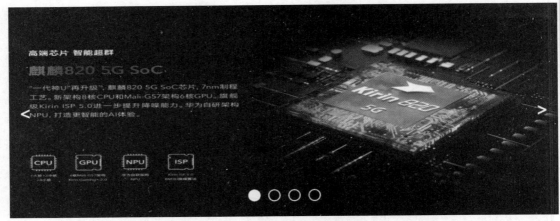

图 6-2　华为轮播图特效

　　【轮播图布局分析】
　　这种轮播图又称跑马灯轮播，跑马灯轮播是最常见的轮播图形式。跑马灯轮播中，多张图片通过左右水平移动来进行切换。
　　【轮播图动画分析】
　　跑马灯轮播页面是多张图片排成一排，形成一队"小火车"，单击箭头或小圆点时，调用 animate（）函数使"小火车"进行运动即可。这里定义一个信号量，信号量在特效中起到了重要作用。当单击右箭头时，信号量加 1，"小火车"向左移动，使用 animate（）函数使"小火车"的 left 属性值改变为信号量相应倍数的图片宽度；当单击左箭头时，信号量减 1，"小火车"向右移动，同样，使用 animate（）函数使"小火车"的 left 属性值改变为信号量相应倍数的图片宽度。

6.2.1　页面布局的实现

6.2.2　动画特效的<br>实现

**任务实施**

### 1. 页面布局设计

在 Web 站点目录 ch06 文件夹下创建网页 demo6 – 2. html。HTML
代码片段如下:

```html
<div class = "box" >
    <div class = "slide" >
        <img src = "images/1. jpg" alt = "" >
        <img src = "images/2. jpg" alt = "" >
        <img src = "images/3. jpg" alt = "" >
        <img src = "images/4. jpg" alt = "" >
    </div >
    <span class = "left" >&lt; </span >
    <span class = "right" >&gt; </span >
    <div class = "dot" >
        <span class = "color" > </span >
        <span > </span >
        <span > </span >
        <span > </span >
    </div >
</div >
```

### 2. 编写 CSS 样式

```css
        *{margin:0;
            padding:0;}
/* 轮播图只能显示一张图片,所以大盒子添加 overflow:hidden;,溢出大盒子的图片被隐藏*/
        .box{width:100%;
            margin – top:10px;
            height:550px;
            overflow:hidden;
            position:relative;
            cursor:pointer;}
    /* 第二层盒子装 4 张图片,所以盒子宽度等于图片宽度* 4,定义盒子为 flex 容器*/
        .box. slide{position:relative;
            width:5480px;
            display:flex;
            left:0px;}
        /* 图片样式*/
        .box. slide img{width:1370px;
            height:550px;}
```

```
        /* 箭头统一样式*/
    .box > span{position:absolute;
        width:80px;
        height:80px;
        font - size:45px;
        font - weight:bold;
        color:white;
        top:calc(50% -40px);
        text - align:center;
        cursor:pointer;}
      /* 左箭头定位*/
    .left{  left:0px;  }
      /* 右箭头定位*/
    .right{right:0px;  }
      /* 圆点盒子样式*/
    .dot{position:absolute;
        bottom:40px;
        width:200px;
        left:calc(50% -100px);
        display:flex;
        align - content:center;
        justify - content:space - around;}
      /* 圆点样式*/
    .dot span{width:25px;
        height:25px;
        border:3px solid #FFFFFF;
        border - radius:50% ;
        cursor:pointer;}
      /* 圆点单击样式*/
    .dot.color{  background - color:white;  }
```

　　轮播图页面布局是由最外层 div 大盒子标签包含 2 个 div 和 2 个 span 标签，第一个 div 放 4 张图片，第二个 div 放 4 个圆点，span 标签放左、右箭头。

　　轮播图页面只能显示一张图片，所以，最外层大盒子添加 overflow:hidden;，溢出大盒子的图片被隐藏。第二层 div 盒子装 4 张图片，所以盒子宽度等于图片宽度×4，定义盒子为弹性布局 flex 容器，并定义左、右箭头及圆点 CSS 样式。

　　3. 自定义向后切换图片函数

```
var temp = 0   //信号量 temp
var picWidth = 1370;//img 图片宽度数值
function slideShow(){
    //向后切换一张,信号量 temp 就自增1
```

```
        temp ++;
        if(temp ==4){//最后 1 张图片轮播切换到第 1 张图片
temp =0;}
        //向后切换图片,图片盒子向左移动,-temp* picWidth 是图片盒子的偏移值
        $(".box .slide").stop().animate({"left":-temp* picWidth});
        //圆点样式切换
        $(".dot span").removeClass('color').eq(temp).addClass('color');}
```

## 任务解析

上述代码中，自定义函数 slideShow() 实现向后切换图片。信号量 temp 初始值为 0，每向后切换一张图片，temp 自增 1，调用 animate() 函数使"小火车"的 left 属性改变为信号量相应倍数的图片宽度。当 temp =4 时，最后 1 张图片轮播切换到第 1 张图片，调用 animate() 函数使"小火车"的 left 为 0，切换到第 1 张图片。圆点根据信号量 temp 设置对应样式，stop() 函数的作用是防止多个动画积累。

**4. 自动向后切换图片**

开启定时器，调用向后切换图片函数，当输入移入最外层 div 盒子时，关闭定时器。代码如下：

```
var timer;    //定时器
timer =setInterval(slideShow,2000);//开启定时器
        //鼠标移动到盒子上时停止定时器,离开时启动定时器
        $('.box').hover(function(){
                clearInterval(timer);},function(){
                        timer =setInterval(slideShow,2000);})
```

开启定时器，每隔 2 s 调用 slideshow() 函数实现自动向后切换图片。注意：在 hover 开启定时器时，一定要指明是开启 timer 定时器，否则，会重新开启一个新的定时器，造成动画执行错乱。

**5. 右箭头绑定单击事件**

右箭头绑定单击事件时，单击右箭头时，向后切换图片，同时，对应的圆点改变样式。jQuery 代码如下：

```
//右箭头单击事件
$('.box .right').click(function(){slideShow();})
```

右箭头单击事件和自动向后轮播图片的效果是一样的，调用函数 slideShow() 向后切换图片即可。

**6. 左箭头绑定单击事件**

左箭头绑定单击事件时，单击左箭头时，向前切换图片，同时，对应的圆点改变样式。jQuery 代码如下：

```
//向前切换图片单击事件
$('.box.left').click(function(){
        temp--;
        if(temp == -1){//第1张图片切换到最后1张图片
            temp = 3;}
        //向前切换图片,盒子向右移动,-temp*picWidth是图片盒子的偏移值
        $(".box.slide").stop().animate({"left":-temp*picWidth})
        //圆点样式切换
        $(".dot span").removeClass('color').eq(temp).addClass('color');})
```

左箭头单击事件是实现向前切换图片，temp 自减 1，调用 animate( ) 函数改变"小火车"的 left 属性。当 temp = −1 时，第 1 张图片切换到最后 1 张图片，left 为 −3 × 1 370。圆点根据信号量 temp 设置对应样式。

### 7. 圆点绑定单击事件

单击圆点，圆点改变样式切换到圆点对应的图片，这里有两种方法实现。jQuery 代码如下：

```
/* 方法1:遍历每一个圆点添加单击事件,单击圆点,则让dot值赋为当前圆点的索引,图片信号量
temp值为当前圆点的索引*/
$(".dot span").each(function(index){
    $(this).click(function(){
            temp = index;
            $('.dot span').eq(temp).addClass('color').siblings().removeClass
('color');
            $(".box.slide").stop().animate({'left':-temp*picWidth+'px'});})});
```

方法 1：使用 each( ) 方法遍历每一个圆点并添加单击事件，单击圆点，通过遍历方法 each( ) 的回调参数 index 获取当前圆点的索引值，并赋给 temp 信号量，利用信号量 temp 切换到要对应的图片和改变对应圆点样式。

```
//方法2:圆点绑定单击事件,获取当前圆点索引值,使用temp定位到要显示的图片和圆点样式
$(".dot span").click(function(){
    temp = $(this).index();
    $(".box.slide").stop().animate({"left":-temp*picWidth},500);
    $('.dot span').removeClass('color').eq(temp).addClass('color');})
```

方法 2：每一个圆点绑定单击事件，使用 $(this).index( ) 获取当前圆点索引值并赋给 temp，利用信号量 temp 切换到要对应的图片和改变对应圆点样式。

运行网页，发现当最后 1 张图片切换到第 1 张图片时，"小火车"却会反方向运动，"狂奔"回到第 1 张图片的位置；当第 1 张图片切换到最后 1 张图片时，"小火车"也会反方向运动，这会使用户体验感不好。还有更好的解决方案吗？

### 8. 优化方案

如何才能实现"无缝"轮播呢？如何在最后 1 张图片切换到第 1 张图片时，第 1 张图片

是从右侧出现的呢？需要添加影子图片，克隆第 1 张图片并将它放置到图片队列的尾部，这时"小火车"头尾 2 张图片是相同的，修改第二层盒子宽度。代码如下：

```
/* 第二层盒子装5张图片,所以盒子宽度等于图片宽度* 5*/
.box.slide{width:6850px;}
<div class="slide">
    <img src="images/1.jpg" alt="">
    <img src="images/2.jpg" alt="">
    <img src="images/3.jpg" alt="">
    <img src="images/4.jpg" alt="">
    <!--影子图片-->
    <img src="images/1.jpg" alt="">
</div>
```

### 9. 修改向后切换图片函数 slideShow( )

实现向后切换图片"无缝"轮播的方法是当轮播切换到最后 1 张图片时，小火车继续向左移动，显示出克隆的图片，在克隆的图片被完整显示的瞬间，立即将整个图片队列移动回 left 为 0 的位置。由于首尾 2 张图片是完全相同的，所以用户察觉不到这次"瞬间移动"。代码如下：

```
var  offset=0;
function slideShow(){
    temp++;
    offset=-temp* picWidth;//图片盒子的偏移值
    //向后切换一张,信号量temp就自增1
    if(temp==4){//最后1张图片轮播切换到第1张图片
    temp=0;
    //克隆的图片被完整显示的瞬间,立即将整个图片队列移动回left为0的位置
    $(".box.slide").stop().animate({"left":offset},function(){
                        $(".box.slide").css({"left":0})})}
    //向后切换图片,图片盒子向左移动
    else{$(".box.slide").stop().animate({"left":offset});}
    //圆点样式切换
    $(".dot span").removeClass('color').eq(temp).addClass('color');}
```

当 temp=4 时，最后 1 张图片轮播切换到第 1 张图片，通过自定义动画 animate( ) 的回调函数使克隆的图片被完整显示的瞬间，立即将整个图片队列移动回 left 为 0 的位置。运行网页，发现最后 1 张图片轮播切换到第 1 张图片时，第 1 张图片是从右侧出现的，整个效果非常流畅。

### 10. 修改向前切换图片事件

实现向前切换图片"无缝"轮播的方法是使用 css( ) 方法，使小火车直接定位到最后 1 张图片的位置，left 为 $-3 \times 1\,370$。代码如下：

```
$('.box.left').click(function(){
    temp--;
    if(temp == -1){//单击左箭头,第1张图片切换到最后1张图片
        temp = 3;
        //定位到最后1张图片的位置
        $(".box.slide").css({"left":-temp* picWidth})   }
        //向前切换图片,盒子向右移动,-temp* picWidth是图片盒子的偏移值
        $(".box.slide").stop().animate({"left":-temp* picWidth})
        $(".dot span").removeClass('color').eq(temp).addClass('color');})
```

**素质课堂——培育艰苦奋斗、勇于开拓的精神**

华为公司是一家中国的全球性信息与通信技术（ICT）解决方案供应商。在通信、芯片、云计算等领域拥有强大的研发实力和创新能力，是全球领先的 5G 技术供应商之一。持续投入大量资源进行技术研发，拥有众多专利和核心技术，为全球客户提供了高质量的解决方案和服务。其在全球范围内开展业务，产品和服务覆盖了 170 多个国家和地区，服务全球 1/3 的人口。

华为公司在技术创新、全球化布局、企业社会责任和人才培养等方面都取得了显著的成就和贡献，为全球客户和社会带来了实实在在的价值和利益。华为已经成长为一个站在世界前列的综合性和全方位的企业，我们为"自强不息、艰苦奋斗、勇于开拓"的华为精神所折服。

## 任务6.3  仿北大首页运动特效

6.3.1　页面
布局的实现

### 任务描述

仿北京大学首页运动特效，包括悬浮导航栏、页面滚动事件以及图片显示放大特效，具体运动特效请登录北京大学官网 https://www.pku.edu.cn/进行观察。网页效果如图 6-3 所示。

**【北大首页布局分析】**

本任务是制作仿北京大学首页运动特效，没有使用具体标签进行真实页面布局。这里使用页面截图模拟页面布局。最外层使用盒子 div 标签包裹四个 div 标签，第一个 div 标签实现导航 1 外观效果，第二个 div 标签实现导航 2 外观效果，第三个 div 标签实现页面轮播背景图。这里使用页面截图作为这 3 个 div 标签的背景图来实现页面布局，没有使用具体标签去实现。第四个 div 标签实现北大首页主体内容，最外层盒子包含 img 和 div 盒子。img 标签链

图 6 - 3 仿北京大学首页运动特效

接到"北大·要闻"页面图片，第二层 div 盒子标签实现"专题·网站"板块布局。

"专题·网站"板块包含 h2 标签和 div 盒子标签，h2 标题实现"专题·网站"标题文字，第三层 div 盒子标签实现 4 张图片布局。第三层 div 标签包含 4 个 div 盒子标签，这 4 个 div 标签实现 4 张图片页面效果，只需把要显示的图片作为 div 标签的背景图即可。第四层 div 标签包含两个 p 标签实现图片的文字。

【北大首页运动特效分析】

北大首页运动特效是：页面加载完成后，导航栏 1 下滑；当页面向下滚动时，导航栏 1 上滑，导航栏 2 下滑，并且页面内容"北大要闻"上移；再接着向下滚动页面，导航栏 2 上移一部分；继续向下滚动页面，页面内容"北大要闻"4 张图片淡入，当鼠标移入图片时，图片稍变大。

6.3.2 动画特效的分析

当页面发生滚动事件时，使用 $(window).scrollTop() 函数获取当前窗口滚动条距离顶部的距离值，对滚动条距离顶部的值进行判断，根据不同的距离值定义不同的动画效果。

**任务实施**

6.3.3 运动特效的实现

**1.** 页面布局设计

在 Web 站点目录 ch06 文件夹下创建网页 demo6 - 3.html。HTML 代码片段如下：

```
<div class="box">
    <div class="hav"></div><!-- div 导航1-KG-*3]-->
    <div class="hav-bottom"></div><!-- div 导航2-KG-*3]-->
    <div class="bg"></div><!—div 轮播背景图-->
    <div class="bo"><!-- div 页面主内容 -->
```

```
          < img src = "img/3. png" > <!-- div 页面内容北大要闻 -->
          < div class = "box - img" > <!-- div 页面内容专题网站 -->
               < h2 >专题 · 网站 </h2 >
               < div class = "image" >
               < div >
               < p class = "top" >聚焦两会 2022 </p >
               < p class = "bottom" >查看更多 </p >
            </div >
          </div >
          < div >…… </div >
          ……
</div >
</div >
```

## 2. CSS 样式

```
*{margin:0;
   padding:0;}
   .box{width:100%;
      position:relative;}
   /* div 导航1*/
   .box. hav{
      width:100%;
      height:135px;
      cursor:pointer;
      position:fixed;
    top: -100%;
      z - index:20;
      background:url(img/1. png)no - repeat center;
      background - size:100% 100%;}
/* 页面轮播背景图片 div*/
   .box. bg{
      width:100%;
      height:750px;
      background:url(img/4. jpg)center no - repeat;
      background - size:100% 100%;}
/* div 导航2*/
.box. hav - bottom{
      width:100%;
      height:135px;
      position:fixed;
      cursor:pointer;
```

```
        top: - 100%;
        z - index:20;
        background:url(img/2.png)no - repeat center;
        background - size:100% 100%;}
.box.bo{
        width:100%;
        position:relative;
        z - index:10;}
.box >.bo > img{width:100%;}
/* 页面主内容*/
.box - img{
        width:100%;
        margin - top:50px;
        display:flex;}
.box - img h2{
        width:30px;
        font - size:32px;
        font - family:'微软雅黑,黑体';
        margin:100px 40px 40px 30px;
        text - align:center;
        font - weight:500;}
.box - img.image{
        margin - left:100px;
        display:flex;
        width:100%;}
/* 专题网站放 4 张图片盒子*/
.box - img.image div{
        margin - left:10px;
        width:275px;
        height:600px;
        display:none;
        cursor:pointer;
        position:relative;}
.box - img.image div:nth - child(1){
        background:url(img/5.jpg)no - repeat center;
        background - size:100% 100%;}
.box - img.image div:nth - child(2){
        background:url(img/6.jpg)no - repeat center;
        background - size:100% 100%;}
.box - img.image div:nth - child(3){
        background:url(img/7.jpg)no - repeat center;
        background - size:100% 100%;}
.box - img.image div:nth - child(4){
```

```
        background:url(img/8.jpg)no-repeat center;
        background-size:100% 100%;}
.box-img.image div:nth-child(even){
        margin-top:40px;}
.box-img.image div:nth-child(odd){
        margin-top:-40px;}
.image.top{
        font-size:25px;
        color:white;
        margin-top:30px;
        margin-left:20px;
        writing-mode:vertical-lr;}
.image div.bottom{
        color:white;
        writing-mode:vertical-lr;
        position:absolute;
        bottom:40px;
        right:30px;}
/* 4 张图片查看更多文字*/
.image div.bottom::after{
        content:'';
        width:1px;
        height:40px;
        position:absolute;
        top:100%;
        left:calc(50% -0.5px);
        background-color:white;}
```

### 3. 导航栏 1 下滑动画

```
var temp = $(this).scrollTop();
  console.log(temp);
  //页面加载完成后,导航 1 下滑
    if($(window).scrollTop()<=70){
//控制台输出滚动条距离顶部的值
    console.log($(window).scrollTop());
    $('.box.hav').stop().animate({
        'top':0},1800);}
```

任务解析

　　在上述代码中，页面加载完成时，判断页面滚动条距离顶部的值 $(window).scrollTop()<=70 时，触发导航栏 1 下滑动画。stop( ) 方法用于防止多个动画累积。

### 4. 导航栏切换动画和页面内容上移动画

```
if(temp>70 && temp<=100){
    //导航栏1隐藏
    $('.bo').stop().animate({
        'top':'-520px'
    },function(){//页面内容"北大要闻"上移
        $('.box.hav').stop().animate({
            'top':'-100%'
        },function(){//导航栏2出现
            $('.box.hav-bottom').stop().animate({
            'top':'0'});  })  })  }
```

定义页面滚动事件，当滚动条距离顶部的值>70 并且≤100 时，导航栏 1 上滑，导航栏 2 下滑，并且页面内容"北大要闻"上移。

### 5. 导航栏 2 上移一部分

```
//白色导航上移一段距离
  if(temp>100){
      $('.box.hav-bottom').stop().animate({'top':'-50px'});}
```

触发页面滚动事件，当滚动条距离顶部的值>100 时，导航栏 2 上移一部分。

### 6. 页面内容下移动画和导航栏切换动画

```
if(temp<=70){
    //页面内容"北大要闻"下移
    $('.box>.bo').stop().animate({'top':'0px'},1000,
    //导航栏2上滑
    function(){$('.box.hav-bottom').stop().animate({'top':'-100%'},500,
            function(){//导航栏1下滑
                $('.box.hav').stop().animate({'top':'0'});})});}
```

定义页面滚动事件，当滚动条距离顶部的值≤70 时，页面内容"北大要闻"下移，导航栏 2 上滑、导航栏 1 下滑。

### 7. 4 张图片动画效果

定义页面滚动事件，当滚动条距离顶部的值≥310 时，页面内容"北大要闻"4 张图片淡入；当鼠标移入图片时，图片稍变大。jQuery 代码如下：

```
if(temp>=310){
//淡入隐藏的图片
$('.box-img.image div').stop().fadeIn().animate({'margin-top':'0px'},300,
//当鼠标移入图片时,图片稍变大
```

```
function(){$('.box-img.image div').hover(function(){
     $(this).stop().animate({
              backgroundSize:'110%'},300);},
              function(){
                 $(this).stop(true,false).animate({
              backgroundSize:'100%'},300)})  });}
```

这里使用了 3 个 animate 动画嵌套函数，因为这里执行的动画有先后顺序，先执行淡入隐藏的图片，再执行鼠标移入图片，图片变大为原图 1.1 倍，鼠标移出图片时，还原到原图大小。注意，最里层的回调函数调用 stop(true,false) 时，为了防止多个动画累积，第一个参数为 true，清空动画队列；第二个参数为 false，不停止当前动画。

8. 4 张图片隐藏动画

```
if(temp<250){
//4 张图片隐藏
  $('.box-img.image div').stop().hide();
  //还原 4 张图片原位置
  $('.box-img.image div:odd').css({'margin-top':'40px'});
  $('.box-img.image div:even').css({'margin-top':'-40px'});}
```

定义页面滚动事件，当滚动条距离顶部的值 <250 时，页面内容"北大要闻" 4 张图片隐藏。

## 素质课堂——激发爱国情感和奋斗精神

建党已过百年，历史充分证明了没有中国共产党就没有新中国，就没有中华民族伟大复兴。我们要珍惜先烈们用生命和鲜血换来的繁荣昌盛的今天。

展望明天，我们的豪情满怀，新的世界，是祖国人民的世界，我们要勇敢地承担起祖国的重托，把自己的人生理想与祖国、与时代紧紧联系在一起，做新时代的社会主义事业的建设者和接班人。

## 【项目小结】

在常见运动特效开发项目中，学习目标是设计或者模仿制作一个具有吸引力和交互性的网页，通过 jQuery 实现复杂页面交互效果。通过本项目 3 个任务的实践，读者可以掌握动画效果的实现原理和各种技巧，了解如何扩展 jQuery 的动画功能，了解如何自定义动画效果，以满足更加独特和个性化的需求。

通过这些学习目标的达成，使读者能够成为一名熟练掌握 jQuery 运动特效开发的编程人员，能够运用动画效果为网页增色添彩，提升用户体验和网站的吸引力。

## 项目测评

根据课堂学习情况和项目任务完成情况，进行评价打分。

| 项目名称 | 常见运动特效开发 | 姓名 | | 学号 | | |
|---|---|---|---|---|---|---|
| 测评内容 | | 测评标准 | 分值 | 自评 | 组评 | 师评 |
| 折叠展开效果 | | siblings( ) 方法的使用 | 20 | | | |
| 图片轮播效果 | | 自定义动画 animate( ) 和停止动画 stop( ) 的使用 | 30 | | | |
| 页面滚动事件 | | 根据滚动条距离值 scrollTop( ) 响应不同运动效果 | 40 | | | |
| 图片放大效果 | | backgroundSize 属性设置 | 10 | | | |

【练习园地】

一、单选题

1. 在 jQuery 的命令窗口中实现自动卷动动画，下列写法正确的是（　　　）。

A. ( "html,body" ). animate( {"scrollTop":5000},800 )

B. $ ( "html,body" ). css( {"scrollTop":5000},800 )

C. $ ( "html,body" ). animate( {"scrollTop",5000},800 )

D. $ ( "html,body" ). css( {"scrollTop",5000},800 )

2. 下列说法正确的是（　　　）。

A. animate 函数操作不同的元素时，会同时执行；操作同一个元素时，会依次执行

B. animate 函数操作不同的元素时，会依次执行；操作同一个元素时，会同时执行

C. animate 函数操作同一个元素或者不同元素时，都会同时执行

D. animate 函数操作同一个元素或者不同元素时，都会依次执行

3. animate( ) 方法语法格式如下：

```
$(selector). animate(styles,speed,callback);
```

描述错误的是（　　　）。

A. styles 参数以数组形式设置参与动画的元素样式

B. speed 参数用于设置动画执行的时长

C. animate( ) 方法在执行时必须设置 styles 参数

D. callback 是动画完成后执行的函数

二、操作题

1. 登录华为官网 https://www. huawei. com/cn/，完成首页轮播图特效，网页效果如图 6 - 4 所示。

图 6-4　首页轮播图特效

2. 登录九江职业技术学院官网（https://www.jvtc.jx.cn/），完成页面滚动运动特效和页面板块鼠标移入特效，网页效果如图 6-5 所示。

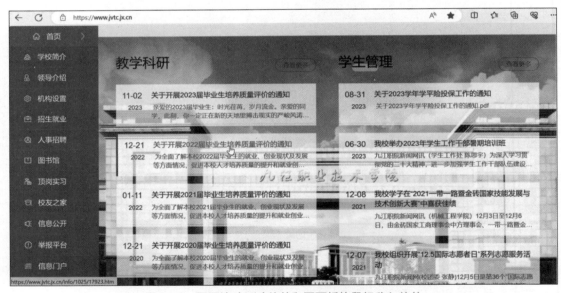

图 6-5　页面滚动运动特效和页面板块鼠标移入特效

技能进阶篇

# 项目 7

# 插件的使用

书证融通

本项目对应《Web 前端开发职业技能初中级标准》中的"能使用 jQuery UI 插件和 ECharts 插件功能开发网站交互效果页面",从事 Web 前端开发的初中级工程师应当熟练掌握。

知识目标

1. 掌握插件的基本使用方法。

2. 熟悉 jQuery UI 插件。

3. 掌握 ECharts 数据可视化插件的使用方法。

技能目标

1. 能熟练使用 jQuery 第三方插件。

2. 能使用常用的 jQuery UI 插件。

3. 会使用 ECharts 插件的常用组件生成图表。

素质目标

1. 培养用户导向的职业精神。

2. 培养精益求精和追求卓越的品质。

3. 培养创新思维与批判精神。

1＋X 考核导航

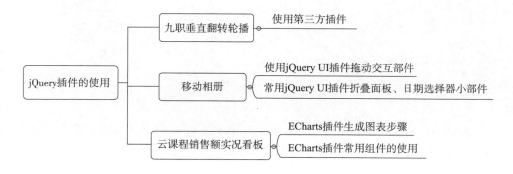

### 项目描述

jQuery 插件是一种基于 jQuery 库、按照一定规范编写出来的程序。插件的好处非常多，例如，常用的功能可以插件的形式存在，而不影响 jQuery 核心库的性能和体积。本项目介绍第三方插件、自定义插件和前端常用数据可视化插件 ECharts 的使用方法。

## 任务7.1 九职垂直翻转轮播

7.1　第三方 jQuery
插件的使用

### 知识链接

jQuery 的插件可以自定义实现，也可以由第三方提供。www.jq22.com 插件库网站收集了非常多的第三方 jQuery 插件，支持在线预览并提供各种 jQuery 特效的详细使用说明。

### 任务描述

轮播图也是网页开发中常见的效果之一，利用第三方轮播图插件快速创建九江职业技术学院首页的垂直方向翻转图片的多功能形式效果，网页效果如图 7-1 所示。

图 7-1　第三方轮播图插件垂直翻转网页效果

**1. 下载插件，编写 HTML 结构**

在 Web 站点目录 ch07 文件夹下创建网页 demo7 – 1. htm。HTML 代码如下：

```
<script src = ".. /jquery - 3. 2. 1. js" > </script >
<script src = ". /slider. js" > </script >
<link rel = "stylesheet" href = ". /slide. css" >
<div id = "demo01" class = "flexslider" >
<ul class = "slides" >
        <li > <div class = "img" > <img src = ". /schoolImage/1. jpg" > </div > </li >
        ......
</ul >
</div >
```

任务解析

下载 jQuery 第三方 slide 轮播图插件。在上述代码中，slide. css 文件是引入插件的 CSS 样式，slide. js 是引入第三方自定义插件的 JavaScript 代码。id 名为 "demo01" 的 div 元素为轮播图的容器，类名为 "slides" 的 ul 元素用于存放展示图片。

注意：jQuery 插件是基于 jQuery 库编写的，所以要先引入 jQuery 库文件，再引入第三方插件。

**2. 实现水平方向翻转图片**

调用插件 flexslider( ) 方法设置水平方向翻转图片。Script 代码如下：

```
$ ('#demo01'). flexslider({
        animation:"slide",
        direction:"horizontal",
        easing:"swing"});
```

运行代码，轮播图实现自动水平方向向后切换图片。当鼠标悬停在图片上方时，自动轮播停止，并且显示左、右箭头。当用户单击左箭头时，水平方向向前切换图片；当用户单击右箭头时，水平方向向后切换图片；当用户单击小圆点时，切换到对应的图片。

**3. 实现垂直方向翻转图片**

调用插件 flexslider 方法实现垂直方向翻转图片。Script 代码如下：

```
$ ('#demo01'). flexslider({
        animation:"slide",
        direction:"vertical",
        animationSpeed:2000,
```

```
        after:function(banner){
            console.log(banner);}});
```

运行代码，实现垂直方向翻转图片效果。

编写代码时，animation 选项设置转换方式效果，fade 选项设置淡入/淡出效果，slide 选项设置滚动效果。direction 选项设置滚动方向，horizontal 为左右滚动，vertical 为上下滚动。animationSpeed 选项设置动画停留时间。

### 素质课堂——培养精益求精和追求卓越的品质

jQuery 插件为开发者提供了便捷而强大的工具。其不仅能够大幅减少重复的代码编写，还可以利用其预先设计好的函数和特性来提高开发效率。但如何将 jQuery 插件应用到实际项目中，以提升产品的整体品质，则需要进行不断的实践与探索。精益求精、追求卓越品质不仅仅是目标，更是一种态度和方法。在使用过程中，需要关注插件的性能表现，不断优化代码结构，确保其在不同浏览器和平台上的兼容性。同时，还要学会利用插件的扩展性，结合项目需求进行定制开发，从而实现更高的功能集成和用户体验。通过这些实践，不仅能够提升自己的技术水平，还能够培养出一种精益求精、追求卓越品质的思维方式。

### 任务7.2 移动相册

使用 jQuery UI 提供的 draggable( ) 方法实现移动相册效果。

任务活动 1　请拖动我

知识链接

　　jQuery UI 是一组建立在 jQuery JavaScript 库上的用户界面交互、特效、小部件及主题。它包含底层用户交互、动画、特效和可更换主题的可视控件，可以直接用来构建具有很好交互性的 Web 应用程序。

　　jQuery UI 主要分为 3 个部分：交互、小部件和效果库。jQuery UI 包含了许多维持状态的小部件（Widget），所有的 jQuery UI 小部件（Widget）使用相同的模式。因此，只要学会使用其中一个，就知道如何使用其他的小部件（Widget）。更多内容可以访问 jQuery UI 官网（https:∥www.jqueryui.org.cn/）学习。

### 1. 交互（Interactions）

　　交互部件是一些与鼠标交互相关的内容，包括缩放（Resizable）、拖动（Draggable）、放置（Droppable）、选择（Selectable）、排序（Sortable）等。常用交互部件 API 见表 7 – 1。

表 7 – 1　常用交互部件 API

| API | 描述 |
| --- | --- |
| . draggable( ) | 使用鼠标单击并在视区中拖动来移动 draggable 对象 |
| . droppable( ) | 在任意的 DOM 元素上启用 droppable 功能，并为可拖曳小部件创建目标 |
| . resizable( ) | 使用鼠标拖曳右边或底边的边框到所需的宽度或高度 |
| . selectable( ) | 按住 Ctrl 键，选择多个不相邻的条目 |
| . sortable( ) | 使用鼠标单击并拖曳元素到列表中的一个新的位置，其他条目会自动调整。默认情况下，sortable 各个条目共享 draggable 属性 |

### 2. 小部件（Widgets）

　　小部件（Widgets）主要是一些界面的扩展，包括折叠面板（Accordion）、自动完成（Autocomplete）、按钮（Button）、日期选择器（Datepicker）、对话框（Dialog）、菜单（Menu）、进度条（Progressbar）、滑块（Slider）、旋转器（Spinner）、标签页（Tabs）以及工具提示框（Tooltip）等。常用小部件 API 见表 7 – 2。

表 7 – 2　常用小部件 API

| API | 描述 |
| --- | --- |
| . accordion( ) | 把一对标题和内容面板转换成折叠面板 |
| . autocomplete( ) | 自动完成功能根据用户输入值进行搜索和过滤，让用户快速找到并从预设值列表中选择 |
| . button( ) | 可主题化的按钮和按钮集合 |
| . datepicker( ) | 从弹出框或在线日历中选择一个日期 |

| API | 描述 |
|---|---|
| . dialog( ) | 在一个交互覆盖层中打开内容 |
| . menu( ) | 带有鼠标和键盘交互的用于导航的可主题化菜单 |
| . progressbar( ) | 显示一个确定的或不确定的进程状态 |
| . slider( ) | 拖动手柄可以选择一个数值 |
| . spinner( ) | 通过向上/向下按钮和箭头键处理，为输入数值增强文本输入功能 |
| . tabs( ) | 一种多面板的单内容区，每个面板与列表中的标题相关 |
| . tooltip( ) | 可自定义的、可主题化的工具提示框，替代原生的工具提示框 |

**3. 效果库（Effects）**

效果库（Effects）是在 jQuery 内置的特效上添加了一些功能，支持颜色动画和 Class 转换，同时也提供了一些额外的 Easings。另外，还提供了一套完整的定制特效，供显示和隐藏元素时或者只是添加一些视觉显示时使用。核心效果库 API 见表 7-3。

表 7-3　核心效果库 API

| API | 描述 |
|---|---|
| . addClass( ) | 当动画样式改变时，为匹配的元素集合内的每个元素添加指定的 Class |
| . animate( ) | 实现颜色动画效果 |
| . effect( ) | 对一个元素应用动画特效 |
| . hide( ) | 使用自定义效果来隐藏匹配的元素 |
| . removeClass( ) | 当动画样式改变时，为匹配的元素集合内的每个元素移除指定的 Class |
| . show( ) | 使用自定义效果来显示匹配的元素 |
| . switchClass( ) | 当动画样式改变时，为匹配的元素集合内的每个元素添加和移除指定的 Class |
| . toggle( ) | 使用自定义效果来显示或隐藏匹配的元素 |
| . toggleClass( ) | 当动画样式改变时，根据 Class 是否存在以及 switch 参数的值，为匹配的元素集合内的每个元素添加或移除一个或多个 Class |

**任务描述**

使用 jQuery UI 拖动交互部件实现元素拖曳效果。网页效果如图 7-2 和图 7-3 所示。

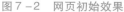
图 7-2　网页初始效果　　　　　　　　　　　图 7-3　拖曳图片效果

## 任务实施

### 1. 创建 HTML5 网页

在 Web 站点目录 ch07 文件夹下创建网页 demo7-3-1. html。HTML 和 CSS 代码如下：

```
<style type = "text/css">
    *{
        margin:0;
        padding:0;}
    div{
        width:500px;
        height:350px;
        background - color:skyblue;}
    img{
        width:300px;
        height:200px;
        background - color:orange;}
</style>
<div class = "stage">
    <img src = "images/1. jpg">
</div>
```

### 2. 添加拖曳交互效果

引入 jQuery 和 jQuery UI 插件库文件，使 img 元素变成可移动 draggable 对象。Script 代码如下：

```
<script type = "text/javascript" src = "js/jquery - 3. 6. 0. js"> </script>
<script type = "text/javascript" src = "js/jquery - ui. min. js"> </script>
<script type = "text/javascript">
```

```
$("img").draggable({
    "containment":".stage",
    "drag":function(event,ui){
        //拖曳时执行的函数
        console.log(event)
        console.log(ui)
        var left=ui.position.left;
        var top=ui.position.top;
        console.log(left,top);}});
```

**任务解析**

在上述代码中，使用 jQuery UI 拖动部件的 draggable() 方法，使元素可以进行拖动。draggable() 方法通过 containment 选项定义拖动区域的边界来约束每个拖动元素的运动；通过 drag 选项定义拖曳时执行的函数，拖动元素的位置为移动鼠标的坐标。ui 回调参数获取鼠标对象，ui.position.left 和 ui.position.top 获取鼠标相对整个文档的水平和垂直方向坐标。

**任务活动2  1 + X——实现移动相册**

**任务描述**

制作一个炫酷动感的庐山相册，所有图片水平排列，用户可以通过拖动页面底部的滑动条来移动图片，从而浏览不同的图片，移动的图片以最大尺寸突出显示，始终确保最大尺寸的图片维持在中心位置，为用户带来流畅的视觉体验。网页效果如图 7-4 和图 7-5 所示。

图 7-4  网页初始效果          图 7-5  移动相册效果

**任务实施**

**1. 创建 HTML5 网页**

在 Web 站点目录 ch07 文件夹下创建网页 demo7-3-2.html。HTML 和 CSS 代码如下：

```
<style type="text/css">
    *{
        margin:0;
```

```
            padding:0;}
        body{
            background-color:black;
            overflow:hidden;}
        .img{
            position:relative;
            width:1300px;
            height:550px;
            margin:0 auto;
            bottom:50px;}
        .nav{
            position:fixed;
            bottom:60px;
            width:1300px;
            height:25px;
            background-color:#424242;
            left:50%;
            margin-left:-650px;}
        .nav b{
            display:block;
            height:25px;
            width:144px;
            background-color:orange;
            border-radius:16px;}
        ul{list-style:none;}
        ul li{
            position:absolute;
            bottom:0;}
        ul li img{
            width:100%;
            vertical-align:middle;}
    </style>
    <div class="img">
        <ul>

        </ul>
    </div>
    <div class="nav">
        <b></b>
    </div>
```

## 2. 动态添加图片

引入 jQuery 和 jQuery UI 插件库文件，使用 appendTo() 方法动态添加 20 个 li 元素，并设置 li 元素的宽和高，索引值为 0 的 li 元素以大尺寸显示。Script 代码如下：

```
<script type="text/javascript" src="jslib/jquery-3.3.1.min.js"></script>
<script type="text/javascript" src="jslib/jquery-ui.min.js"></script>
    //动态添加 li 元素
    for(var i=0;i<20;i++){
        $("<li><img src='images/big/"+i+".jpg'/></li>").css({
            "width":i==0?500:160,
            "left": i==0?300:640+180*i
        }).appendTo("ul");}
```

## 3. 设置滑动条的宽度

由于滑动条总长度为 1 300 px，按比例设置滑动条的显示宽度。Script 代码如下：

```
//按比例设置滑动条的宽度
$(".nav b").css("width",1/20*1300);
```

## 4. 定义相册移动函数

当拖动页面底部的滑动条移动图片时，每个 li 重新确定位置。Script 代码如下：

```
function setPos(){
    //移动的图片始终以宽500px 显示,left 定位为300px
    $("li").eq(temp).stop(true,true).animate({
        "width":500,
        "left":300
    },200);
    //移动图片之后 li 元素的变化
    for(var i=temp+1;i<20;i++){
        $("li").eq(i).stop(true,true).animate({
            "width":160,
            "left":640+180*(i-temp)
        },200) }
    ///移动图片之前 li 元素的变化
    for(var i=0;i<temp;i++){
        $("li").eq(i).stop(true,true).animate({
            "width":160,
            "left":300-180*(temp-i)
        },200)}}
```

**任务解析**

在上述代码中，使用 temp 信号量获取当前滑到第几张图片，通过 animate（）方法定义移动的图片始终以宽 500 px 显示，left 定位到 300 px。使用 2 个 for 循环实现移动图片之前 li 元素的变化和移动图片之后 li 元素的变化，图片的位置发生了变化，left 全部重新计算，宽为 160 px。移动图片之后 li 元素的 left 变化规律是每个 li 元素的 left 都在（300 + 500 − 160）的基础上加 180 整数倍的值；移动图片之前 li 元素的 left 变化规律是每个 li 元素的 left 都在初始位置 left 为 300 的基础上减 180 整数倍的值。

**5. 实现滑动条拖动效果**

使用 jQuery UI 插件的 draggable（）方法使元素具有拖动效果。Script 代码如下：

```
//滑动条元素拖动
$(".nav b").draggable({
    "containment":".nav",
    "drag":function(event,ui){
        //left 值
        var left=ui.position.left;
        //计算滑动移动
        var _temp=parseInt(left/(1/20*1300));
        //如果滑动移动量不等于信号量,让信号量更改
        if(_temp!=temp){
            temp=_temp;
            setPos()  }}});
```

draggable（）方法的 drag 选项是一个函数，这个函数是当用户拖动滑动条时触发的，通过函数的回调参数 ui.position.left 获得当前滑动条的 left 值，通过表达式 left/（1/20 * 1300）计算滑动到了几号图片位置。然后调用 setPos（）函数，重新计算每张图片的宽度和位置，从而实现动画效果。

## 任务 7.3  生成数据可视化图表

在 Web 开发中，根据实际需求将后端返回的数据制作成可视化的图表，如折线图、柱状图、饼图等。ECharts 插件因开源免费并提供了多种图表类型和直观的 API，使开发者能快速、高效地生成高质量的图表，实现数据的实时监控和分析，备受开发者青睐。本任务使用 ECharts 插件生成云课程销售额实况看板和粒粒皆辛苦可视化图表。

**任务活动 1  云课程销售额实况看板**

**知识链接**

ECharts 是一款基于 JavaScript 的开源数据可视化图表库。ECharts

7.3.1  快速体验
ECharts 插件

177

具有丰富的可视化类型、绚丽的特效、支持交互式数据、跨平台应用，提供了丰富、直观、生动、可交互和可高度个性化定制的数据可视化图表，支持折线图、柱状图、散点图、K 线图等多种类型的图表，示例如图 7－6 所示。目前，ECharts 已经成为 Web 开发中广泛使用的数据可视化工具之一，被广泛应用于数据监控、数据分析、数据可视化等领域。下面介绍使用 ECharts 插件生成图表的基本步骤。

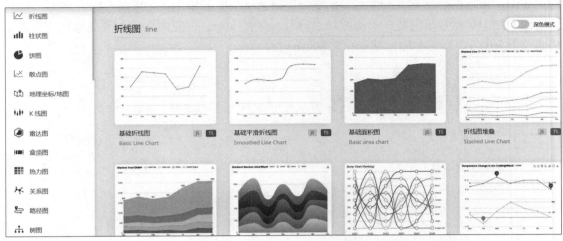

图 7－6　ECharts 图表类型示例

### 1. 安装 ECharts

从 ECharts 的官网下载最新的库文件，然后在 HTML 文件中引入。或者通过 NPM（Node 包管理器）来安装 ECharts。在命令行中输入以下命令：

```
npm install echarts --save
```

### 2. 创建一个容器

在 HTML 中指定一个具有规定宽度和高度的元素（通常是 div）来作为图表的容器。

```
<div id = "main" style = "width:600px;height:400px;" > </div>
```

### 3. 初始化 ECharts 实例

在 JavaScript 代码中，需要获取这个容器（DOM 元素），调用 echarts. init( ) 方法用于初始化 ECharts 实例对象。代码为：

```
var myChart = echarts. init(document. getElementById('main'();
```

### 4. 渲染图表

调用 setOption( ) 方法渲染图表，设置图表的标题、图例、数据以及坐标轴的相关参数。代码为：

```
myChart. setOption(option);
```

关于 setOption( ) 方法的参数项的描述见表7−4。

表7−4　**setOption( ) 方法的参数项的描述**

| 参数项 | 描述 |
|---|---|
| title | 标题组件，包含主标题和副标题 |
| color | 调色盘颜色列表 |
| legend | 图例组件，用于展现不同 series 系列的标记、颜色和名字 |
| tooltip | 提示框组件 |
| xAxis | 设置直角坐标系 grid 中的 X 轴相关配置 |
| yAxis | 设置直角坐标系 grid 中的 Y 轴相关配置 |
| series | 设置图表的系列列表，每个系列通过 type 决定自己的图表类型 |

### 5. 定义图表配置项 option 参数

ECharts 通过图表配置项 option 参数定义图表的外观和内容。代码为：

```
var option = {
  title:{text:'整点温度实况'},
  color:'#675bba',
  legend:{data:['整点温度']},//图例数组的名称
  xAxis:{
      name:'时',
      data:[6,8,10,12,14,16,18,20,22,24,2,4]},
  yAxis:{name:'温度'},
  series:[{
      name:'整点温度',
      type:'line',
      data:[3,8,12,12,16,18,16,14,10,5,4,3]}]};
```

**任务描述**

使用 ECharts 插件将 AJAX 请求的数据生成云课程销售额实况看板，网页效果如图7−7所示。

**任务实施**

### 1. 新建 HTML5 网页

在 Web 站点目录 ch07 文件夹下创建网页 demo7−4−1. html，创建 DOM 容器放置折线图表。代码片段如下：

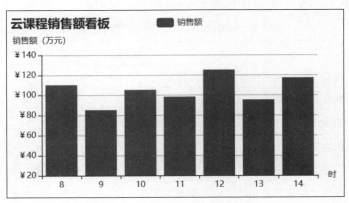

图 7-7　云课程销售额柱状图

```
< script src = "jquery - 3. 2. 1. js" > < / script >
< script src = "echarts. js" > < / script >
< div id = "box" style = "width:500px;height:300px" > < / div >
```

### 2. 准备后端数据文件 data. json

```
{"hour":[8,9,10,11,12,13,14],
"sales":[110,85,105,98,125,95,117]}
```

"hour" 属性保存一天中的时间（小时），"sales" 属性保存每个小时对应的销售额。

### 3. 绘制图表

在 script 标签中绘制空的折线图表。Script 代码如下：

```
var myChart = echarts. init(document. getElementById( 'box'();
    myChart. setOption({
        title:{text:'云课程销售额看板'},
        color:'#675bba',
        legend:{data:[ '销售额']},//图例数组的名称
        tooltip:{
            trigger:'axis',//触发类型:坐标轴触发
            axisPointer:{//坐标轴提示器的配置项
                type:'cross',//十字准星指示器
                label:{//提示器的背景色
                    backgroundColor:'#6a7985'}}},
        xAxis:{
            data:[],
            name:'时'},//X 轴的名字为"时",数据为空
        yAxis:[{
            type:'value',//Y 轴是数值轴
            name:'销售额(万元)',//Y 轴的名字
```

```
            min:20,//Y 轴的刻度最小值
            max:140,//Y 轴的刻度最大值
            axisLabel:{//设置 Y 轴刻度的显示格式
                    formatter:'￥{value}'}}],
    series:[{
            name:'销售额',
            type:'bar',//设置图表类型为柱状图
            symbol:'circle',//设置为实心圆
            symbolSize:10,//设定实心点的大小
            data:[]//数据为空}]});
```

## 任务解析

在上述代码中，echarts.init( ) 方法用于初始化 ECharts 对象，myChart 实例对象调用 setOption( ) 方法设置图表的标题、图例以及没有数据的坐标轴的相关参数。其中，"云课程销售额看板"是图表的标题，data:['销售额'] 是图例数组的名称。name:'时'定义 X 轴的名称，name:'销售额(万元)'定义 Y 轴的名称，且 Y 轴刻度按照设置的刻度最大值 max 和最小值 min 自动均匀显示。

### 4. 加载异步数据

发送 AJAX 请求的代码，获取后端提供的数据，并将其填入 ECharts 对应的参数项中。代码如下：

```
$.get('data.json',function(data){
    myChart.setOption({
        xAxis:{data:data.hour},
        series:[{name:'温度',
            data:data.sales}]  });});
```

在上述代码中，调用 $.get( ) 方法获取后端 data.json 文件数据；myChart 实例对象调用 setOption( ) 方法将响应 data 数据添加到图表，设置 X 轴 xAxis 参数 data 选项，将获取的后端 data.hour 设置为 X 轴显示的数据；将获取的后端 data.sales 设置为图表的系列列表 series 显示的数据，实现将时间对应的课程销售额添加到柱状图表中。

### 素质课堂——创新思维与批判精神

ECharts 插件的开放性和可扩展性为数据可视化提供了无限的创新空间。在学习过程中，通过敢于尝试不同的图表组合和交互设计，以呈现更具创意的数据可视化作品，培养创新思维。同时，批判精神也是不可或缺的。面对复杂多变的数据，要学会独立思考，用批判的眼光审视数据背后的真相，避免被数据误导，做出更为明智的决策。

任务活动 2　设置图表工具栏

**知识链接**

　　ECharts 的功能丰富，可以根据用户的需求设置 setOption（）方法 7.3.2　ECharts 的
的配置项来完成不同图表的绘制。下面介绍 setOption（）方法的常用配 常用配置项
置项。

**1. 图表类型**

　　图表类型是 series 配置项，可同时指定一个或多个图表类型及相关配置，从而形成系列
列表，每个系列都是通过 type 属性决定自己的图表类型的。常见的 type 属性值见表 7 - 5。

表 7 - 5　常见的 type 属性值

| 参数项 | 描述 |
| --- | --- |
| line | 　默认为折线图，是用折线将各个数据点标志连接起来的图表，用于展现数据的变化趋势。可用于直角坐标系和极坐标系上 |
| bar | 　柱状或条形图，是通过柱形的高度（横向的情况下则是宽度）来表现数据大小的一种常用图表类型 |
| pie | 　饼图，用于表现不同类目的数据在总和中的占比。每个的弧度表示数据数量的比例 |
| scatter | 　散点（气泡）图，直角坐标系上的散点图可以用来展现数据的 x、y 之间的关系，如果数据项有多个维度，可用 symbol 实现 |
| radar | 　雷达图，主要用于表现多变量的数据，例如手机的各个属性分析 |
| funnel | 　漏斗图，倒置的三角形，展现各个数据的层级关系 |

**2. 数据集**

　　在上一个任务活动中设置系列图表时，数据都是直接编写到指定的系列中的。这样做看
起来很直观，但是这种操作会增加数据处理过程的复杂度，同时不利于多个系列共享一份数
据等操作。此时，可以使用 ECharts 提供的数据集（dataset）组件来实现对数据单独管理，
使数据可以在多个组件之间复用。示例代码为：

```
< div id = "box" style = "width:400px;height:300px;" > </div >
< script >
   var myChart = echarts. init( document. getElementById('box'));
   myChart. setOption({
      title:{text:'华为年报'},
      legend:{},tooltip:{},
      dataset:{
        source:[
            ['华为','2022 年','2023 年'],
```

```
        ['研发投入',1615,1700],
        ['全球销售',6423,7000] ]},
    xAxis:{type:'category'},
    yAxis:{name:'(亿元)'},
    series:[
        {type:'bar'},
        {type:'bar'}]});
</script>
```

上述代码中，数据集 dataset 的 source 属性用于将数据映射到图形中，['华为','2022 年','2023 年'] 用于设置图表维度（列）的名称，后面 2 行是图表的具体数据，默认按照列（column）来映射。接着，在 series 中，type 定义生成 2 个柱状的图表。华为年报分析图如图 7-8 所示。

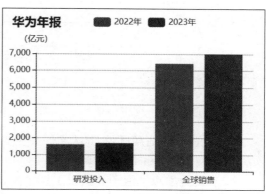

图 7-8 华为年报分析图

### 3. 工具栏

ECharts 中提供了 toolbox 配置项为图表设置工具栏。内置工具有将图表导出图片、图表的数据视图、数据视图切换、数据区域缩放以及重置图表。示例代码为：

```
toolbox:{
    show:true,
    orient:'vertical',
    feature:{
        dataZoom:{yAxisIndex:'none'},
        dataView:{readOnly:false},
        magicType:{type:['line','bar']},
        restore:{},
        saveAsImage:{}  }  }
```

在上述代码中，show:true 表示在图表中显示工具栏；orient:'vertical' 表示工具栏垂直排列。feature 属性用于用户可以自定义图表的工具栏、缩放、数据视图、标记、图形选择、轮廓线等功能。其中，yAxisIndex:'none' 表示设置禁止 Y 轴缩放；readOnly:false 表示数据视图是只读的形式；type:['line','bar'] 定义可以转换的图表类型，表示从柱状图切换为折线图；restore 属性用于重置图表；saveAsImage 属性定义可将图表导出图片。

### 任务描述

使用 ECharts 插件 setOption( ) 方法的常用配置项设置云课程销售额实况看板的图表类型和图表工具栏等功能。带有图表工具栏的散点气泡图如图 7-9 所示。

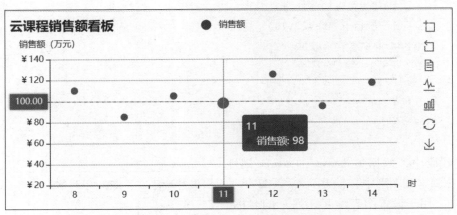

图 7-9　带有图表工具栏的散点气泡图

### 任务实施

（1）在 Web 站点目录 ch07 文件夹下打开 demo7-4-1.html 云课程销售额实况看板网页，另存网页为 demo7-4-2.html。

（2）设置散点气泡图和图表工具栏。添加以下 Script 代码：

```
series:[{ ......
   type:'scatter', }],  //设置图表类型为散点气泡图
   toolbox:{
      show:true,
      orient:'vertical',
      feature:{
           dataZoom:{yAxisIndex:'none'},
           dataView:{readOnly:false},
           magicType:{type:['line','bar']},
           restore:{},
           saveAsImage:{}  }}});
```

### 任务解析

图表的系列列表 series 的 type:'scatter' 表示定义图表类型为散点气泡图。series 系列列表的 toolbox 配置项用于设置图标工具栏各功能。

任务活动 3　1+X 实战案例——粒粒皆辛苦可视化图表

### 任务描述

俗话说，"民以食为天"，粮食的收成直接影响着民生问题，通过对农作物产量的统计数据也能分析出诸多实际问题。使用 ECharts 图表

7.3.3　1+X 实战案例——粒粒皆辛苦

插件完成 x 市近 6 年来的农作物产量的统计图，网页效果如图 7 – 10 所示。

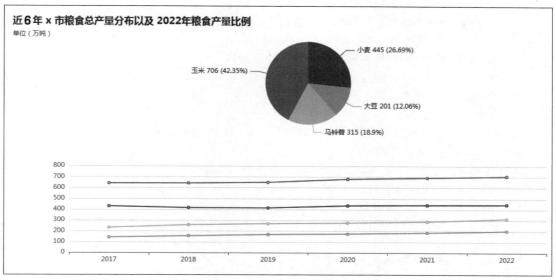

图 7 – 10　农作物产量的统计图

**任务实施**

### 1. 创建 DOM 容器

在 Web 站点目录 ch07 文件夹下创建 demo7 – 4 – 3. html。HTML 代码片段如下：

```
<script type = "text/javascript" src = ". /js/echarts. min. js" >
<body style = "height:100% ;margin:0;overflow:hidden" >
    <div id = "container" style = "height:80% ;width:80% ;margin:5% auto" > </div >
</body >
```

引入数据可视化图表插件 echarts. min. js，div 元素是 ECharts 图表准备的 DOM 容器，用于放置农作物产量的统计图。

### 2. 绘制图表

在 script 标签中绘制图表，设置数据集 dataset 组件对数据的单独管理。Script 代码如下：

```
var myChart = echarts. init(document. getElementById('container'));
  myChart. setOption({
    title:{
    text:"近 6 年 x 市粮食总产量分布以及 2022 年粮食产量比例",
    subtext:"单位(万吨)",},
  dataset:{
      //source -> 图表显示所需的数据格式(饼图和折线图共用)
      source:[
```

```
        ["全部","2017","2018","2019","2020","2021","2022"],
        ["小麦",431,417,416,436,441,445],
        ["大豆",142,156,168,174,186,201],
        ["马铃薯",232,258,269,277,289,315],
        ["玉米",642,643,650,680,692,706]],},
    xAxis:{type:"category"},
    yAxis:{gridIndex:0},
    grid:{top:"55%"},
series:[{type:"line",//指定画图时将数据集 dataset 按行(row)还是按列(column)绘图
    seriesLayoutBy:"row",},
    {type:"line",
    seriesLayoutBy:"row",},
    {type:"line",
    seriesLayoutBy:"row",},
    {type:"line",
    seriesLayoutBy:"row",},
    {type:"pie",
    id:"pie",
    radius:"30%",
    center:["50%","25%"],
    label:{//2022 数据的百分比
        formatter:"{b}{@ 2022}({d}%)",}} ]});
```

## 任务解析

在上述代码中，echarts.init( ) 方法用于初始化 ECharts 实例对象，接着 myChart 实例对象调用 setOption( ) 方法设置图表显示标题、数据坐标轴的相关参数以及显示的图表类型。

数据集 dataset 的 source 属性定义图表数据，其中，["全部","2017","2018","2019","2020","2021","2022"] 用于设置图表列的名称，后面 4 行具体定义小麦、大豆、马铃薯、玉米近 6 年产量数据。series 属性中，type:"line" 设置图表类型为折线图，因为要生成小麦、大豆、马铃薯、玉米 4 种农作物产量图，所以要定义 4 个 type 为 "line" 的折线图。seriesLayoutBy:"row" 表示指定图表生成时将数据集 dataset 按行（row）映射。最后 1 个 type 定义为 "pie"，表示生成一个饼图，并设置饼图的半径 radius、饼图的中心坐标 center 以及数据文本格式 label 相关参数。

## 【项目小结】

为了增添网站丰富的交互性和可视化功能，本项目通过九职垂直翻转轮播的任务学会利用 jQuery 第三方插件实现复杂的动画效果，大大简化了前端开发的过程。通过移动相册的任务掌握使用 jQuery 提供的各种 UI 控件，实现丰富的用户交互效果，如拖曳、调整大小、弹出对话框等，从而提升网页的用户体验。通过生成数据可视化图表的任务熟悉 ECharts 提供的丰富的图表类型和灵活的配置选项，能根据不同的需求定制出个性化的图表效果。

通过 jQuery 插件项目的学习，使读者能够快速地构建出功能强大、美观实用的 Web 应

用。本项目学习的知识和技能对未来的 Web 开发工作产生积极的影响，并促使读者不断学习和探索新的前端技术。

## 项目测评

根据课堂学习情况和项目任务完成情况，进行评价打分。

| 项目名称 | jQuery 插件的使用 | 姓名 | | 学号 | | |
|---|---|---|---|---|---|---|
| 测评内容 | | 测评标准 | 分值 | 自评 | 组评 | 师评 |
| 使用第三方插件 | | 能下载和使用第三方插件实现交互效果 | 30 | | | |
| 封装自定义插件 | | 学会使用 jQuery 对象方法和 jQuery 静态方法的语法来编写插件 | 20 | | | |
| 使用 ECharts 插件 | | 掌握生成图表的步骤 | 10 | | | |
| 调用 setOption（option）方法 | | 掌握图表配置项 option 的参数定义 | 40 | | | |

## 【练习园地】

### 一、单选题

1. 下列选项中，（　　）可以作为 echarts. init（）方法的参数。

A. $('div')  　　　　　　　　B. $('#box')

C. document. getElementById('box')  　　D. 以上选项都正确

2. 使用 jQuery 第三方插件需要引入（　　）库文件。

A. echarts. js  　　B. jquery. js  　　C. vue. js  　　D. jquery. ui. js

3. 在 ECharts 中，可以使用（　　）属性来设置图表的类型。

A. text  　　B. type  　　C. series  　　D. source

4. 对于 ECharts 常用组件的描述，不正确的是（　　）。

A. ECharts 工具栏组件是 tool。有将图表导出图片、图表的数据视图、数据视图切换、数据区域缩放、重置图表 5 个工具

B. ECharts 标题组件是 title。标题分为主标题和副标题，而且可以为标题设置链接、文字属性等

C. ECharts 提示框组件是 tooltip。当鼠标单击或者滑过图表中的点线时，弹出关于这点线的数据信息

D. ECharts 图例组件是 legend。用于展现标记（symbol）、颜色和文字

### 二、操作题

1. 有一种力量叫"星星之火，可以燎原"，有一种光芒的指引叫"井冈山精神"。1927年，井冈山成立了第一个农村革命根据地，点燃了中国革命的星星之火。"星星之火"，不仅点燃了革命斗争的熊熊烈焰，更在巍峨的井冈山上深植了"精神的火种"，这火种如同璀璨的星辰，持续照耀着无数代中华儿女，激励着他们勇往直前，不懈拼搏。学习井冈山精神

中的坚定信念、艰苦奋斗、实事求是、敢闯新路、依靠群众、勇于胜利的精神，在新征程上谱写崭新篇章。使用自定义插件制作弘扬井冈山精神的滑动轮播图，效果如图 7 – 11 所示。

图 7 – 11　弘扬井冈山精神的滑动轮播图

2. 周一到周日手机使用时长数据为 [2.5，2，2.6，3.2，4，6，5]，使用 ECharts 实现统计手机使用时长的折线图，效果如图 7 – 12 所示。

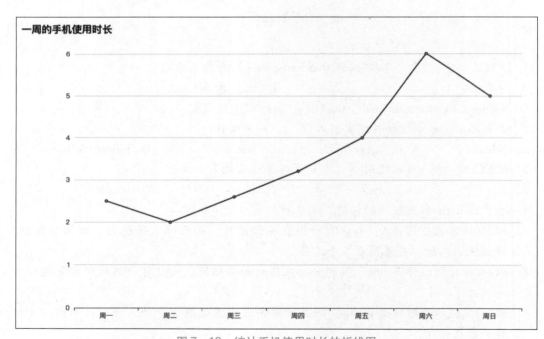

图 7 – 12　统计手机使用时长的折线图

# 项目 8
# AJAX 动态网页开发

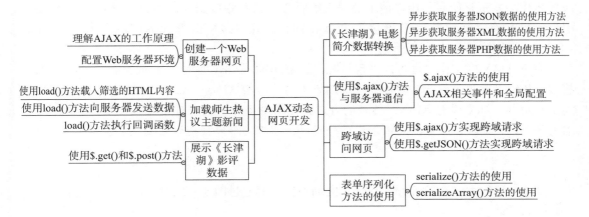

**书证融通**

本项目对应《Web 前端开发 1 + X 职业技能中级标准》中的"能使用 AJAX 技术进行数据交互创建动态网页",从事 Web 前端开发的中高级工程师应熟练掌握。

知识目标

1. 掌握 AJAX 中的 load( )、$. get( ) 和 $. post( ) 方法。

2. 掌握 jQuery 中的 $. ajax( ) 方法。

3. 掌握 jQuery 对请求所得数据的处理。

技能目标

1. 熟练使用 jQuery 中常用的 AJAX 方法。

2. 能使用 AJAX 处理后台的 XML、JSON 等数据格式。

3. 会使用 jQuery 中序列化元素的方法。

素质目标

1. 培养将复杂问题分解为简单问题的思维。

2. 培养团队协作精神。

3. 培养技术学习服务于社会的责任感。

1 + X 考核导航

## 项目描述

在 Web 开发中，使用 AJAX 技术可以实现页面的局部更新，这种异步的数据交互方式给用户带来了更好的使用体验。由于原生 AJAX 操作代码复杂较为烦琐，而且需要考虑浏览器的兼容问题，给开发人员的使用带来了不便。因此，jQuery 对 AJAX 的操作重新进行了整理与封装，简化了 AJAX 的使用方法。本项目使用封装在上层的 load( )、$. get( )、$. post( ) 方法和最底层的 $. ajax( ) 方法等与服务器进行数据交互，并对获取的数据进行处理。

## 任务 8.1  创建一个 Web 服务器网页

新建一个 Web 网页，了解 AJAX 的工作原理。熟知它的"异步"特性，即可在不重新刷新页面的情况下与服务器进行通信，交换数据更新页面。

## 知识链接

### 1. 认识 AJAX

AJAX 的全称是 Asynchronous JavaScript and XML，翻译为异步的
JavaScript 和 XML。简单来说，就是使用 XMLHttpRequest 对象与服务器
通信。它可以发送和接收 JSON、XML、HTML 和文本等多种数据格式。它不是一种单一的技术，而是有机地利用了一系列交互式网页应用相关技术形成的结合体。它也可称为网页的异步通信。JavaScript 或者 jQuery 可以直接发送 HTTP 请求到服务器，通过在后台与服务器进行少量数据交换，AJAX 可以使网页实现局部更新。这意味着可以在不重新加载整个网页的情况下，对网页的某部分进行更新，优点是节省带宽，加载内容较少，性能较高。有很多使用 AJAX 的应用程序案例，例如新浪微博、Google 地图、知乎等网站。

8.1.1  认识 AJAX
的工作原理

### 2. AJAX 工作原理

AJAX 的工作原理相当于在用户和服务器之间加了一个中间层，使用户操作与服务器响应异步化。并不是所有的用户请求都提交给服务器，一些数据验证和数据处理等交给 AJAX 引擎，只有确定需要从服务器读取新数据时，再由 AJAX 引擎代为向服务器提交请求。AJAX 的工作原理如图 8-1 所示。

通过 AJAX 的工作原理可以发现，在浏览器中输入 URL 地址请求服务器时，通过 AJAX 将 HTTP 请求发送服务器，服务的响应结果也是返回给 AJAX，AJAX 处理之后再返回浏览器显示在页面。如果没有 AJAX，传统的方式就在图中表示为上下连接线，浏览器直接为服务器发送 HTTP 请求，服务器对请求进行处理后，将响应结果直接返回浏览器展示出来。

### 3. AJAX 优势

那么 AJAX 方式和传统方式有什么区别呢？下面通过图 8-2 和图 8-3 来对这两种交互方式进行比较。

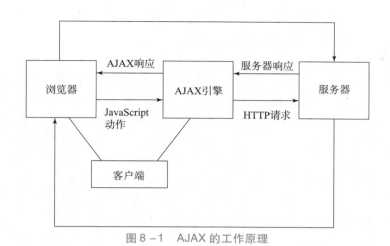

图 8 - 1　AJAX 的工作原理

图 8 - 2　传统方式　　　　　　　　　　图 8 - 3　AJAX 方式

在图 8 - 2 中，传统方式在页面跳转或者刷新时发出请求，每次发出请求都会请求一个新的页面，即使刷新页面，也要重新请求加载本页面。在图 8 - 3 中，AJAX 方式向服务器发出请求，得到数据后再更新页面（通过 DOM 操作来修改页面内容），整个过程不会发生页面跳转或刷新操作。

两者的区别见表 8 - 1。

表 8 - 1　传统方式和 AJAX 方式的区别

| 方式 | 遵循的协议 | 请求发出方式 | 数据展示方式 |
|---|---|---|---|
| 传统方式 | HTTP | 页面链接跳转发出 | 重新载入新页面 |
| AJAX 方式 | HTTP | 由 XMLHttpRequest 实例发出请求 | 通过 JavaScript 和 DOM 技术把数据更新到本页面 |

由表 8 - 1 可以看出，相较于传统网页，使用 AJAX 技术具有以下几点优势。

◆ 请求数据量少：因为 AJAX 请求只需要得到必要数据，对不需要更新的数据不做请求，所以数据量少，传输时长较短。

◆ 请求分散：AJAX 是按需请求，请求是异步形式，可在任意时刻发出，所以请求不会集中爆发，一定程度上减轻了服务器的压力，响应速度也有提升。

◆ 用户体验化：AJAX 数据请求响应时间短、数据传送速度快，在很大程度提升了用户的使用体验。由于是异步请求的形式，不会刷新页面，使页面上用户的行为得到有效保留。

## 素质课堂——培养网络道德和信息安全的敏感性

jQuery 的 AJAX 技术是一种强大的网页交互工具，并会涉及网络道德和信息安全问题。如果开发的 Web 应用中包含用户的个人信息、银行账户或其他敏感数据，并且没有采取适当的安全措施，这些数据可能会被恶意用户或黑客窃取，导致用户隐私泄露和财产损失。这时，将会面临法律责任和社会舆论的谴责。因此，要始终牢记用户的隐私和权益不容侵犯，将数据安全放在首位。

在使用 AJAX 进行异步数据传输时，不仅要追求功能的实现，更要思考如何确保数据的隐私性、完整性和安全性。学会使用 HTTPS 协议来加密传输的数据，使用适当的身份验证和授权机制来限制对数据的访问，以及使用错误处理和异常捕捉机制来及时发现和处理潜在的安全漏洞。

## 任务描述

安装 WampServer 服务器软件和搭建 Web 服务器环境，在 Web 服务器默认站点目录下新建一个 Web 网页。

## 任务实施

使用 WampServer 搭建 Web 服务器环境，它是一款整合了 Apache Web 服务器、PHP 解释器及 MySQL 数据库的软件。该软件有 32 位和 64 位两个版本，读者根据自己电脑的操作系统选择对应版本安装。

8.1.2 搭建和配置
WampServer 服务器环境

### 1. 下载 WampServer

打开 WampServer 官方网站（http://www.wampserver.com），在页面中下载 WampServer 安装包，如图 8-4 所示。

其中，WampServer 64 位（X64）3.2.0 版本，3.2.0 是软件的版本号，X64 表示 64 位操作系统；WampServer（X86）3.2.0 版本，X84 表示 32 位操作系统。读者可以按照本地计算机环境选择下载。

### 2. 安装 WampServer

双击软件安装包，选择安装语言（选默认的英语）。打开安装向导，选择 "I accept the agreement" 单选按钮，然后单击 "Next" 按钮，如图 8-5 所示。进入选择安装路径界面，在该界面指定软件安装位置，这里默认为 c:\wamp 路径，可以根据需要进行修改，如图 8-6 所示。

图 8 - 4　下载 WampServer

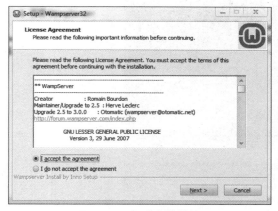

图 8 - 5　同意安装协议

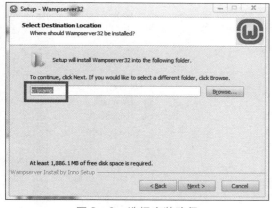

图 8 - 6　选择安装路径

　　单击图 8 - 6 中的 "Next" 按钮，确认安装路径和服务器名，如果信息无误，单击 "Install" 按钮开始安装，安装的详细信息如图 8 - 7 所示。

　　安装过程中，会弹出提示，选择软件使用的浏览器，如图 8 - 8 所示。默认使用的是 IE 浏览器，如果此处不做修改，单击 "否" 按钮即可；如果需要更改，单击 "是" 按钮，这里建议使用谷歌浏览器，选择本地计算机谷歌浏览器应用程序即可。

　　接着选择软件使用的编辑器，默认使用的是记事本，不需要修改，单击 "否" 按钮即可。

　　软件安装完成后打开软件，在系统的任务栏右下角会出现 WampServer 图标，软件默认语言是英文。如果需要设置为中文，可右击 WampServer 图标，在弹出的快捷菜单中选择 "Language"→"chinese" 命令，如图 8 - 9 所示。

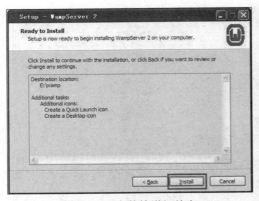

图 8-7　安装的详细信息

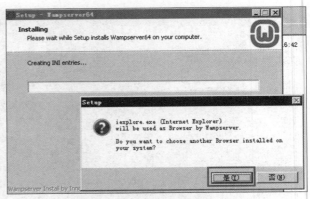

图 8-8　选择浏览器

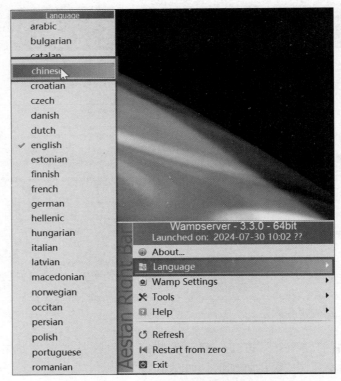

图 8-9　设置语言为中文

### 3. 开启服务器

打开软件后，单击 WampServer 图标，选择"启动所有任务"命令开启服务。若图标颜色变为绿色，则表示服务器正常运行。

服务器启动成功后，在浏览器中通过地址 http://127.0.0.1（或 http://localhost）访问服务器的默认站点，如图 8-10 所示。

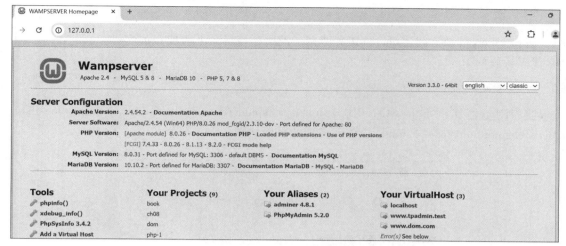

图 8-10　访问默认站点

## 4. 修改站点目录

WampServer 的默认站点目录是 c:\wamp\www，图 8-10 实际显示的是该目录中的 index.php 文件的执行结果。这里也可以更改站点目录，此处将站点目录更改为 d:\Web。单击 WampServer 图标，选择 "Apache"→"httpd.conf" 命令，如图 8-11 所示。

默认使用记事本自动打开 Apache 服务器配置文件 httpd.conf。在该配置文件中，找到以下配置，更改站点目录。

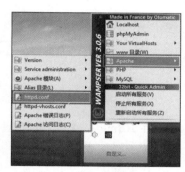

图 8-11　打开 httpd.conf

```
DocumentRoot  "${INSTALL_DIR}/www"
<Directory  "${INSTALL_DIR}/www/">
```

将上述配置中的 "${INSTALL_DIR}/www" 都替换为 "d:\Web"，如图 8-12 所示。

修改配置文件后，将文件保存。需要注意的是，每次更改配置文件时，都需要重新启动服务器，配置才会生效。单击 WampServer 图标，选择 "重新启动所有服务" 命令，如图 8-13 所示。

```
httpd.conf - 记事本
文件(F)  编辑(E)  格式(O)  查看(V)  帮助(H)
DocumentRoot "${INSTALL_DIR}/www"
<Directory "${INSTALL_DIR}/www/">
    #
    # Possible values for the Options directive are "None", "All",
    # or any combination of:
    #     Indexes Includes FollowSymLinks SymLinksifOwnerMatch ExecCGI
MultiViews
    #
    # Note that "MultiViews" must be named *explicitly* --- "Options All"
    # doesn't give it to you.
```

图 8-12　修改站点目录

图 8-13　重新启动
所有服务

**5. 新建 Web 网页**

在 d:\Web 目录下创建 chapter8 文件夹，最后在该目录下新建 demo8 – 1. html 文件，HTML 代码片段如下：

```
<h1>欢迎你的到来!</h1>
```

使用浏览器访问 http://127. 0. 0. 1/jquery/chapter8/demo8 – 1. html（或 http://localhost/jquery/chapter8/demo8 – 1. html），访问成功的页面如图 8 – 14 所示。

图 8 – 14　访问成功的页面

**6. 在 HBuilder X 中配置 WampServer 服务器**

在 HBuilder X 开发工具中，可以配置外部 Web 服务器使用 WampServer 提供的服务。

在 HBuilder X 窗口菜单中，选择"运行"→"运行到浏览器"→"配置 Web 服务器"，如图 8 – 15 所示。

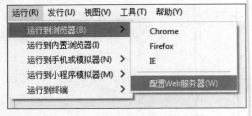

图 8 – 15　选择配置 Web 服务器

在打开的对话框中，填写新服务器相关信息，"外部 Web 服务器调用 url"输入 http://127. 0. 0. 1（或 http://localhost），勾选"外部 Web 服务器 url 是否包括项目名称"，如图 8 – 16 所示。修改完成后，HBuilder X 即可使用 WampServer 提供的服务。

图 8 – 16　新建外部 Web 服务器

**素质课堂——培养团队协作精神**

　　WampServer 作为一个支持 Web 开发的集成环境，不仅为 jQuery 等前端技术提供了运行平台，还涉及后端数据处理、数据库管理等多个方面，这可以很好地体现团队协作的重要性。

　　WampServer 服务器的安装和配置涉及多个环节，如安装软件、设置端口、配置数据库等，这些工作通常需要多人协作完成。通过分工合作，每个团队成员可以专注于自己擅长的领域，从而提高工作效率和质量。同时，团队成员之间需要保持密切沟通，确保各个环节顺利衔接，避免出现漏洞或错误。

　　团队协作有助于培养成员间的信任。在共同完成任务的过程中，团队成员需要相互支持、理解和包容，形成默契和信任。这种信任不仅有利于任务的顺利完成，还有助于形成积极向上的团队氛围。

　　团队协作还能培养成员的分工和合作精神。通过明确各自的任务和责任，团队成员可以更好地发挥自己的专长，实现个人价值的同时，也为团队的整体发展贡献力量。在协作过程中，团队成员需要学会倾听他人的意见、尊重他人的选择，从而形成良好的团队合作精神。团队协作不仅是实现共同目标的关键，也是培养沟通、信任、分工和合作精神的重要途径，这对于个人未来的职业生涯和成长具有重要意义。

## 任务 8.2　加载师生热议主题新闻

使用 load( ) 方法加载和请求服务器文件。

8.2.1　加载 HTML 内容

### 知识链接

　　在 jQuery 的 AJAX 请求方法中，load( ) 方法是最基本、最常用的方法之一。该方法可以从服务器加载数据，并把返回的数据放入被选元素中。基本语法如下：

```
$(selector).load(URL,[data],[callback])
```

url：希望加载 URL 地址。

data：发送至服务器的 key/value 数据，可选。

callback：load( ) 方法完成后所执行的回调函数，可选。

**任务活动 1　载入 HTML 文档**

### 任务描述

　　单击"加载数据"按钮载入服务器的 target. html 文档，网页效果如图 8 – 17 所示。

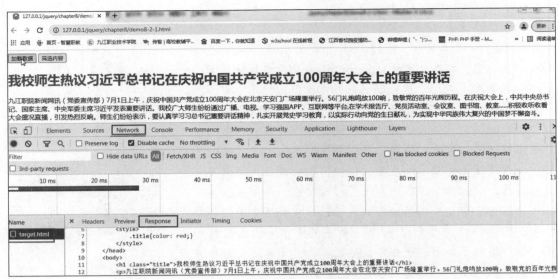

图 8 −17　载入 target. html

## 任务实施

### 1. 创建 demo8 −2 −1. html

在 Web 站点目录 ch08 文件夹下创建网页 demo8 −2 −1. html。HTML 代码片段如下：

```
<button id = "btn1" >加载数据 </button >
<button id = "btn2" >筛选内容 </button >
<div id = "box" > </div >
```

### 2. 创建 target. html

在与 demo8 −2 −1. html 网页相同目录下创建 target. html。HTML 代码片段如下：

```
<h1 class = "title" >我校师生热议习近平总书记在庆祝中国共产党成立 100 周年大会上的重要
讲话 </h1 >
<p >九江职院新闻网讯(党委宣传部)7 月 1 日上午,庆祝中国共产党成立 100 周年大会在北京天安门
广场隆重举行。⋯⋯ </p >
```

### 3. 绑定单击事件

为网页的 "加载数据" 按钮元素添加单击事件。Script 代码如下：

```
$ ('#btn1'). click( function(){
$ ('#box'). load('target. html');});
```

## 任务解析

id 为 "btn1" 的按钮绑定单击事件，事件触发时调用 load( ) 方法，将 target. html 的内

容加载到 id 值为"box"的元素里。

**任务描述**

单击"筛选内容"按钮只加载 target. html 网页中师生热议主题 新闻的标题。网页效果如图 8-18 所示。

8.2.2　向服务器发送 数据和执行回调函数

图 8-18　加载 target. html 标题内容

**任务实施**

载入 target. html 标题内容：

在 Web 站点目录 ch08 文件夹下打开网页 demo8-2-1. html，另存网页为 demo8-2-2. html。为 demo8-2-2. html 的"筛选内容"按钮元素添加单击事件。Script 代码如下：

```
$('#btn2').click(function(){
    $('#box').load('target.html.title');});
```

**任务解析**

id 为"btn2"的按钮绑定单击事件，事件触发时调用 load( ) 方法，将 target. html 网页中类名为"title"的元素内容加载到 id 值为"box"的元素里。需要强调的是，load( ) 方法中，"target. html. title"中间需要输入空格，表示指定 target. html 网页里面的子元素。

注意：target. html 网页类名为"title"添加了样式，但是加载到 demo8-2-2. html 网页中就没有样式了，这是因为主页面 demo8-2-2. html 中没有添加该样式。

任务活动3 向服务器发送数据

## 任务描述

单击"获取数据"按钮，向服务器发送数据并加载 session. php 文档内容。网页效果如图 8 – 19 所示。

图 8 – 19 向服务器发送数据

## 任务实施

**1. 创建 demo8 – 2 – 3. html**

在 Web 站点目录 ch08 文件夹下创建 HTML5 网页 demo8 – 2 – 3. html。HTML 代码片段如下：

```
< button id = "bt" >获取数据 </button >
< div id = "box" > </div >
```

**2. 创建 session. php**

在与 demo8 – 2 – 3. html 相同的目录下创建 session. php，代码如下：

```
<h3 >庆祝中国共产党成立100 周年 </h3 >
<h4 >地点: <? php echo $ _REQUEST[ 'place'];?  > </h6 >
<h4 >事件: <? php echo $ _REQUEST[ 'event'];?  > </h6 >
```

**3. 向服务器发送数据并加载 session. php 文档内容**

为网页的"获取数据"按钮元素添加单击事件。Script 代码如下：

```
$ ('#bt'). click(function(){
    $ ('#box'). load(session. php',{place:'北京天安门广场',event:'习近平总书记在庆祝
中国共产党成立100 周年大会上发表重要讲话'});  });
```

### 任务解析

在上述代码中，id 为 "bt" 的按钮元素绑定单击事件，事件触发时调用 load( ) 方法，设置 load( ) 方法的第 2 个参数为 ｛place：'北京天安门广场'，event：'习近平总书记在庆祝中国共产党成立 100 周年大会上发表重要讲话'｝，是一个对象类型的数据，该数据将被发送到服务器。发送数据后，由载入的 session. php 文档输出响应的数据，最后将 session. php 文档内容加载到 id 值为 "box" 的元素里。

注意：load( ) 方法设置第 2 个参数发送数据时，使用的是 POST 请求方式，未设置第 2 个参数时，默认使用的是 GET 请求方式。可以通过开发者工具中的 Network 面板查看具体的请求方式。以 demo8 – 2 – 2 和 demo8 – 2 – 3 为例，在没有发送数据时，请求信息如图 8 – 20 所示；在发送数据时，请求信息如图 8 – 21 所示。

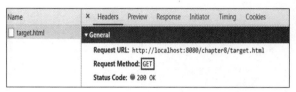

图 8 – 20　GET 方式　　　　　　　　　图 8 – 21　POST 方式

### 任务活动 4　执行回调函数

### 任务描述

单击 "回调函数" 按钮，向服务器发送数据并加载文档内容，完成后在控制台输出响应数据、请求状态和 XMLHttpRequest 对象。网页效果如图 8 – 22 所示。

图 8 – 22　控制台输出

### 任务实施

**1. 创建 demo8 – 2 – 4. html**

在 Web 站点目录 ch08 文件夹下创建 HTML5 网页 demo8 – 2 – 4. html。HTML 代码片段如下：

```
<button id = "bt" >回调函数</button >
<div id = "box" > </div >
```

**2. 设置 load( ) 方法回调函数**

为网页的"获取数据"按钮元素添加单击事件。Script 代码如下：

```
$('#bt').click(function(){
        $('#box').load('session.php',{place:'北京天安门广场',event:'习近平总书记在
庆祝中国共产党成立100周年大会上发表重要讲话'},function(responseData,status,xhr){
            console.log(responseData);        //输出请求得到的数据
            console.log(status);              //输出请求状态
            onsole.log(xhr);                  //输出 XMLHttpRequest 对象
        }); });
```

### 任务解析

在上述代码中，load( ) 方法设置的第 3 个参数是回调函数，该函数在请求数据加载完成后执行。回调函数有 3 个默认参数，用于获取本次请求的相关信息，responseData 表示响应数据，status 表示请求状态，xhr 表示 XMLHttpRequest 对象。打开开发者工具，页面效果如图 8 – 22 所示。

从图 8 – 22 可以看出，输出结果依次为 session. php 文档内容、请求状态以及本次请求对应的 XMLHttpRequest 对象。其中，status 请求状态共有 5 种，分别为 success（成功）、notmodified（未修改）、error（错误）、timeout（超时）和 parsererror（解析错误）。

注意：在 load( ) 方法中，无论 AJAX 请求是否成功，只要请求完成，回调函数（callback）就被触发。

**素质课堂——培养社会责任感**

load( ) 方法作为一种异步加载数据的技术，能够在不重新加载整个页面的情况下更新部分内容，这种技术在现实中应用非常广泛，如动态加载网页内容、实现搜索建议、数据可视化等，极大地提升了网页的响应速度和用户体验。

关注用户体验不仅是一种技术要求，更是一种责任和担当。作为开发者，我们应该时刻站在用户的角度思考问题，为用户提供便捷、高效、安全的网页服务。始终坚守为用户服务的初心，不断优化产品和服务，以满足用户日益增长的需求。同时，将自己的技术学习与社会责任相结合，为提升用户体验和社会进步贡献自己的力量。

## 任务 8.3　展示《长津湖》影评数据

使用 \$.get( ) 方法和 \$.post( ) 方法请求与发送数据至服务器，将获取的《长津湖》影评数据展示在前端网页。

### 知识链接

\$.get( ) 方法和 \$.post( ) 方法通过 HTTP 使用 GET 或 POST 请求从服务器请求数据。如果需要传递一些参数给服务器的页面，那么可以使用 \$.get( ) 或者 \$.post( ) 方法。基本语法如下：

```
$.get(url,[data],[callback],[dataType]);
$.post(url,[data],[callback],[dataType]);
```

url：请求的 URL 地址。

data：发送到服务器的键值类型的数据。可选。

callback：载入成功的回调函数。只有当状态是 success 时，才调用该方法。里面含有 3 个参数：responseData，包含来自请求的结果数据；status，包含请求的状态；xhr，包含 XMLHttpRequest 对象。可选。

dataType：服务器返回内容的格式，包括 XML、HTML、JSON、TEXT、SCRIPT。可选，如果省略不写，jQuery 将智能判断。

### 任务活动 1　\$.get( ) 方法请求发送数据

### 任务描述

用户输入评价，单击 "get 提交" 按钮，使用 \$.get( ) 方法请求页面，评价内容显示在前端网页中，网页效果如图 8 - 23 所示。

8.3.1　使用
\$.get( ) 方法

图 8 -23　\$.get( ) 方法请求页面

### 1. 创建 demo8 – 3 – 1. html

在 Web 站点目录 ch08 文件夹下创建 HTML5 网页 demo8 – 3 – 1. html。HTML 代码片段如下：

```
<h1 >《长津湖》影评 </h1 >
< form id = "form1" action = "#" >
  <p >用户名: <input type = "text" name = "username" id = "user"/> </p >
  <p >留言: < textarea name = "content" id = "comment"  rows = "2" cols = "20" >
</textarea > </p >
  <p > < input type = "button" id = "get" value = "get 提交"/>
    < input type = "button" id = "post" value = "post 提交"/> </p >
      </form >
<div >已有评价 </div >
<div id = "resText" > </div >
```

### 2. 创建 get. php

在与 demo8 – 3 – 1. html 相同的目录下创建 get. php。代码如下：

```
< span > <? php echo $ _REQUEST[ 'username'];? >: </span >
< span class = 'para' > <? php echo $ _REQUEST[ 'content'];? > </span >
```

### 3. 绑定单击事件

为网页的“get 提交”按钮元素添加单击事件。Script 代码如下：

```
$("#get").click(function(){
$.get("get.php",{
        username:  $("#user").val(),
        content:  $("#comment ").val()
        },function(responseData,status){
        //把返回的数据添加到页面上
        $("#resText").html(responseData);});})
```

任务解析

从上述代码中看到，$. get( ) 定义了 3 个参数：第 1 个参数定义请求的页面是 “get. php” 文档；第 2 个参数 data 定义发送到服务器的数据；第 3 个参数定义请求成功后执行的回调函数。发送到服务器的数据由 “get. php” 文档解析后输出，请求成功后执行回调函数，responseData 参数接收到 “get. php” 文档解析后的内容，并把文档解析后的内容加载到 id 为 “resText” 元素里。

从图 8 – 28 的框中内容可以看出，$. get( ) 方法在发送数据时，会将数据处理成查询字符串（即 URL 参数）添加到请求地址中。在实际开发中，当要发送敏感的信息和数据量较大的信息时，推荐使用 $.post( ) 方法。

**任务活动 2　$.post( ) 方法请求发送数据**

### 任务描述

　　用户在网页文本框中输入影评，单击"post 提交"按钮，使用 $.post( ) 方法请求页面，将影评内容显示在前端网页中。网页效果如图 8 – 24 所示。

8.3.2　使用 $.post( )
方法请求发送数据

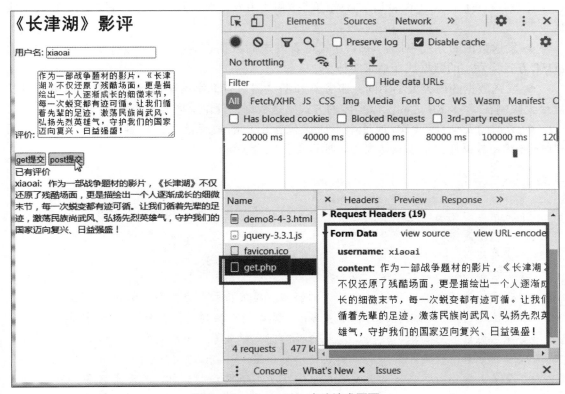

图 8 – 24　$.post( ) 方法请求页面

### 任务实施

　　绑定单击事件：

　　在 Web 站点目录 ch08 文件夹下打开网页 demo8 – 3 – 1.html，另存网页为 demo8 – 3 – 2.html。为"post 提交"按钮元素添加单击事件。Script 代码如下：

```
$("#post").click(function(){
  $.post("get.php",{
    username: $("#user").val(),
```

```
    content:   $("#comment").val()
       },function(response,textStatus){
   //把返回的数据添加到页面上
       $("#resText").html(response);}   );
```

## 任务解析

从上述代码中，发现使用 $.post() 方法和 $.get() 方法语法格式完全相同。但是，从图 8-24 中可以看出，$.post() 方法请求的数据并未在 url 地址参数中，而是将其作为请求实体发送到服务器。

注意：POST 和 GET 两种请求方式的结构和使用方式都相同，但是它们之间仍然有本质区别。

◆ 发送数据的方式不同：GET 方式将要发送的数据作为 URL 参数发送至服务器，而 POST 方式将发送的数据放在请求实体中。

◆ 发送数据的内容大小不同：服务器和浏览器对查询字符串有长度限制，通常字符长度最大限制在 2~8 KB 之间。以实体的方式发送数据，理论上内容大小没有限制。

◆ 数据的安全性：URL 地址中不应该包含用户的敏感信息，较容易被他人读取；而 POST 方式将数据作为请求实体发送，所以更为安全。

**素质课堂——培养遵循编码规范的职业素养**

本项目学习的 AJAX 方法，必须严格按照其方法的语法格式调用，否则，将会报错。所以，严谨细致是程序员职业素养的基本要求。软件工程师是一群严谨的人，倾向于持续改善、追求极致。

在编程时少一个标点符号，少一个字母，少一个括号，程序都会报错，无法运行，两条语句顺序的颠倒都会对结果造成巨大的影响。要秉持着严谨的态度编程，否则，在将来做项目调试运行时发现错误，再回去找 bug，就如同大海捞针，又耗力又费时。再加上写代码要注意运行时对资源的使用，以及内存的优化释放等，不严谨细致的结果往往是被批或造成不可估量的损失。对于展示类软件，有小错误可能影响不是很大，但是如果涉及一些紧要需求，如银行等领域的开发需求，即使是小错误，也会导致严重的后果。

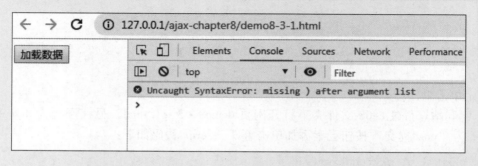

## 任务8.4 《长津湖》电影简介数据转换

服务器返回的数据格式可以有多种，如 JavaScript、JSON、XML、TEXT 和 PHP 等。jQuery 中针对不同的数据格式会采取不同的处理方式，本任务演示获取《长津湖》电影简介的 JavaScript、JSON、PHP 和 XML 这 4 种数据格式的处理方式。

### 任务活动 1　获取 JavaScript 数据

#### 知识链接

在 jQuery 中，可以使用 \$. getScript( ) 方法动态加载外部 JavaScript 文件。当网站需要加载大量 JavaScript 时，动态加载 JavaScript 就是一个 比较好的方法。当需要某个功能时，再将相应的 JavaScript 加载进来。\$. getScript( ) 方法有 3 个参数，加载内容格式时，只能加载 JavaScript 文件。\$. getScript( ) 方法是 \$. get( ) 方法的进一步封装。基本语法如下：

8.4.1　获取
JavaScript 数据

```
$.getScript(url,[data],[callback]);
```

url：必需，规定加载资源的路径；
data：可选，发送至服务器的数据；
callback：可选，请求完成时执行的函数。

#### 任务描述

单击 "Run" 按钮，载入 jQuery 颜色动画插件（jquery. color. js），载入成功后，绑定颜色变化动画。网页效果如图 8 – 25 所示。

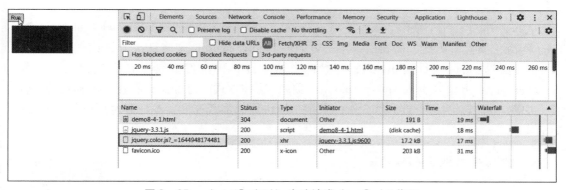

图 8 – 25　\$. getScript( ) 方法请求 JavaScript 代码

## 任务实施

### 1. 创建 demo8 – 4 – 1. html

在 Web 站点目录 ch08 文件夹下创建网页 demo8 – 4 – 1. html。HTML 代码片段如下：

```
<button id="go">Run</button>
<div class="block"></div>
```

### 2. 编写 CSS 样式

```
.block{
    background-color:blue;
    width:150px;
    height:70px;
    margin:10px;}
```

### 3. 绑定单击事件

为 "Run" 按钮元素添加单击事件。Script 代码如下：

```
$(function(){
        $.getScript("jquery.color.js",
        function(){
          $("#go").click(function(){
            $(".block").animate({backgroundColor:'red'},3000)
             .animate({backgroundColor:'blue'},3000);});});})
```

## 任务解析

jQuery 本身有一个缺陷，就是使用 animate( ) 方法会无法识别 background – color、border – color 等颜色属性。因此，需要引入第三方插件 jquery. color. js 来修复这个 bug。

运行代码，可以看到 div 标签背景色由蓝变红，再由红变蓝。在上述代码中，使用 $. getScript( ) 方法来引入 jquery. color. js 插件，这种方式的好处是只有在要用到它的时候才会去加载，可以减少服务器和客户端的负担，加快页面加载速度。本任务也可以使用 $. get( ) 方法实现。

**任务活动 2　获取 JSON 数据**

## 知识链接

JSON 是一种 key/value （键值对）数据格式，类似于 JavaScript 的对象格式。它的优势在于能被处理成对象，方便获取信息字段。需要

8. 4. 2　获取
JSON 数据

注意的是，JSON 数据格式要求键名必须使用双引号包裹。

## 任务描述

单击"加载 JSON 数据"按钮，页面加载服务器 serverdata. json 文件中的数据，将获取到的 JSON 格式数据提取出来，插入 id 为"dataTable"的 table 表格元素中。网页效果如图 8 – 26 所示。

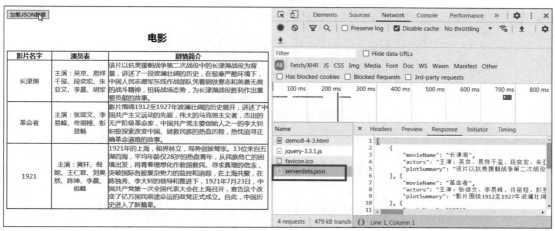

图 8 –26　获取 JSON 格式数据网页效果

## 任务实施

### 1. 创建 demo8 – 4 – 2. html

在 Web 站点目录 ch08 文件夹下创建网页 demo8 – 4 – 2. html。HTML 代码片段如下：

```html
<button id = "bt1" >加载 JSON 数据 </button>
<h2 >电影 </h2>
<table id = "dataTable" border = "1" cellpadding = "0" cellspacing = "0" >
    <tr>
        <th>影片名字 </th>
        <th>演员表 </th>
        <th>剧情简介 </th>
    </tr>
</table>
```

### 2. 创建 serverdata. json

在与 demo8 – 4 – 2. html 相同的目录下创建 serverdata. json。代码如下；

```json
[{     "movieName":"长津湖",
    "actors":"主演:吴京、易烊千玺、段奕宏、朱亚文、李晨、胡军",
```

```
        "plotSummary":"该片以抗美援朝战争第二次战役中的长津湖战役为背景,讲述了一段波澜
壮阔的历史,在极寒严酷环境下,中国人民志愿军东线作战部队凭着钢铁意志和英勇无畏的战斗精神,扭转
战场态势,为长津湖战役胜利作出重要贡献的故事。"
    },......]
```

### 3. 自定义函数

在 demo8 - 4 - 2. html 网页中编写自定义函数 append( )，它的功能将 JavaScript 对象中的
数据提取出来，加工成 HTML 内容后插入页面中。代码如下：

```
function append(data){   /* 自定义函数,将对象中的数据提取出来,加工成 HTML 内容后插入页
面中*/
    var html = '';
    for(var i=0;i<data.length;++i){/* 通过循环遍历的方式将获取到的数据进行解析,
又通过对象的操作方式获取相应信息,并且将其拼接成 HTML 字符串*/
    html += '<tr>';
    for(var key in data[i]){
        html += '<td>'+data[i][key]+'</td>';}
    html += '</tr>';}
     $('#dataTable').append(html);}//通过 append()方法将拼接的 HTML 内容插入页面中
```

### 4. 绑定单击事件

为“加载 JSON 数据”按钮元素添加单击事件。Script 代码如下：

```
$('#bt1').click(function(){
    $.get('serverdata.json',function(response){
        console.log(response);
        append(response);
    },'json');});
```

### 任务解析

“加载 JSON 数据”按钮的单击事件实现在页面中请求服务器 serverdata. json 文件中的数
据，获取到的是一个以 JSON 文件内容为主体的 JavaScript 对象，浏览器可以自动将 JSON 数
据转换为 JavaScript 对象，再调用自定义函数 append( ) 函数，将数据提取出来，插入 HTML
页面中。

### 知识加油站

如果服务器请求得到的数据是 JSON 字符串格式，浏览器不能处理 JSON 字符串格式，
这时需要使用 JSON. parse( ) 方法将 JSON 字符串转换为 JavaScript 对象，再插入 HTML
页面。

### 任务活动 3　PHP 的 JSON 数据转换

**任务描述**

单击"PHP 的 JSON 数据转换"按钮，页面加载服务器 serverdata. php 文件中数据，将获取到 PHP 数组数据提取出来，插入页面 id 为 "dataTable"的 table 表格元素中。网页效果如图 8-27 所示。

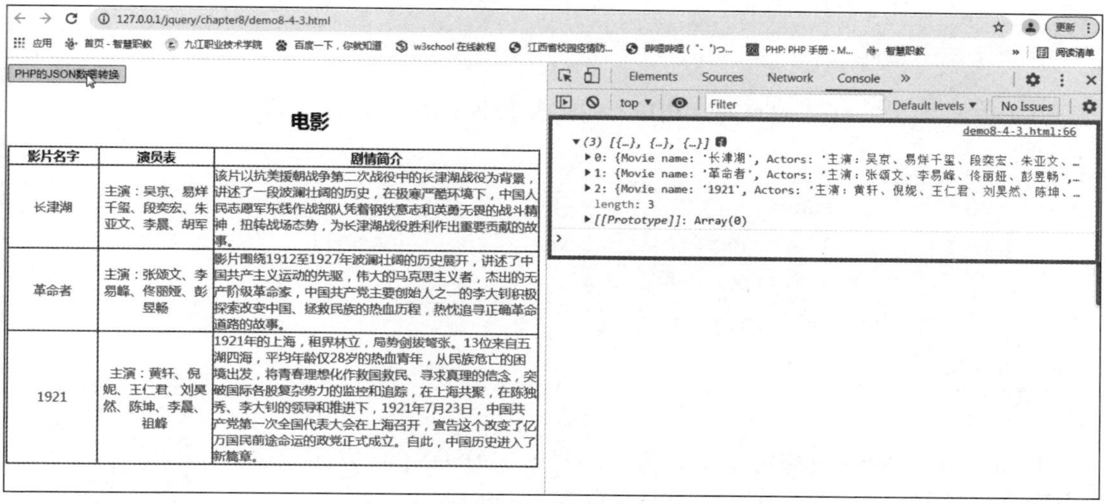

8.4.4　PHP 的 JSON 数据转换

图 8-27　PHP 的 JSON 数据转换

**任务实施**

**1. 创建 demo8 - 4 - 3. html**

在 Web 站点目录 ch08 文件夹下打开网页 demo8 - 4 - 2. html，另存网页为 demo8 - 4 - 3. html。

**2. 创建 serverdata. php**

在与 demo8 - 4 - 3. html 相同的目录下创建 serverdata. php。代码如下：

```php
$ arr = array(
    array(
        "Movie name" => "长津湖",
        "Actors" => "主演:吴京、易烊千玺、段奕宏、朱亚文、李晨、胡军",
        "Plot summary" => "该片以抗美援朝战争第二次战役中的长津湖战役为背景,讲述了一段波澜壮阔的历史,在极寒严酷环境下,中国人民志愿军东线作战部队凭着钢铁意志和英勇无畏的战斗精神,扭转战场态势,为长津湖战役胜利作出重要贡献的故事。"
```

```
),……);
   echo  json_encode( $ arr); /* 用于对变量进行 JSON 编码,该函数如果执行成功,返回 JSON 数
据*/
```

### 3. 自定义函数

在 demo8 - 4 - 3. html 网页中编写自定义函数 append( )。它的功能是将 JavaScript 对象中的数据提取出来，加工成 HTML 内容后插入页面中。自定义函数 append( ) 和获取 JSON 数据任务的自定义函数 append( ) 代码是一样，这里就不赘述了。

### 4. 绑定单击事件

为 demo8 - 4 - 3. html 网页的 "PHP 的 JSON 数据转换" 按钮元素添加单击事件。Script 代码如下：

```
$('#bt1').click(function(){
        $.getJSON('serverdata.php',function(response){
        console.log(response);
        append(response);}); });
```

**任务解析**

ID 为 "bt1" 的按钮绑定单击事件。通过 $. getJSON( ) 方法在页面中请求服务器 serverdata. php 文件中的数据。serverdata. php 代码中，通过 json_encode( ) 方法将响应的 PHP 数组转换成 JSON 格式，响应数据转换完成后，是以 JSON 数据格式为主体的对象，再通过 $. getJSON( ) 方法中的第 3 个回调函数调用自定义函数 append( )，将数据提取出来，插入 HTML 页面中。

8. 4. 5　获取 XML 数据

**任务活动 4**　获取 XML 数据

**知识链接**

XML 标签可以任意定义的，因而称之为可扩展标记语言。XML 被设计用来传输和存储数据，而非显示数据。XML 采用双标签嵌套来记录信息，文件格式类似于 HTML 文档。

**任务描述**

单击 "加载 XML 数据" 按钮，页面加载服务器 serverdata. xml 文件中的数据，将获取到 XML 格式数据提取出来，插入 id 为 "dataTable" 的 table 表格元素中。网页效果如图 8 - 28 所示。

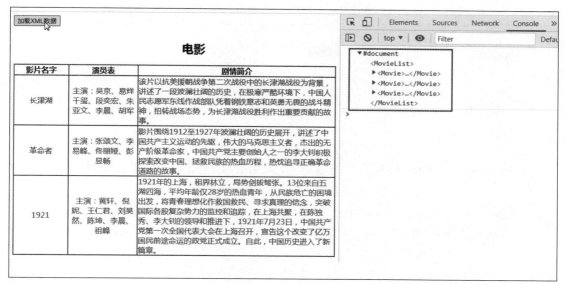

图 8 -28　获取 XML 数据格式网页效果

## 任务实施

**1. 创建 demo8 -4 -4. html**

在 Web 站点目录 ch08 文件夹下创建网页 demo8 -4 -4. html。HTML 代码片段如下：

```html
<button id = "bt4">加载 XML 数据</button>
<h2>电影</h2>
<table id = "dataTable" border = "1" cellpadding = "0" cellspacing = "0">
    <tr>
        <th>影片名字</th>
        <th>演员表</th>
        <th>剧情简介</th>
    </tr>
</table>
```

**2. 创建 serverdata. xml**

在与 demo8 -4 -4. html 相同的目录下创建 serverdata. xml。代码如下：

```xml
<MovieList>
    <Movie>
        <MovieName>长津湖</MovieName>
        <Actors>主演：吴京、易烊千玺、段奕宏、朱亚文、李晨、胡军</Actors>
```

```
        <PlotSummary>该片以抗美援朝战争第二次战役中的长津湖战役为背景,讲述了一段
波澜壮阔的历史,在极寒严酷环境下,中国人民志愿军东线作战部队凭着钢铁意志和英勇无畏的战斗精神,
扭转战场态势,为长津湖战役胜利作出重要贡献的故事。</PlotSummary>
        </Movie>
        ······
</MovieList>
```

### 3. 绑定单击事件

为 demo8 - 4 - 4. html 网页的"加载 XML 数据"按钮元素添加单击事件。Script 代码如下：

```
$('#bt4').click(function(){
    $.get('serverdata.xml',function(response,status,xhr){
        console.log(response);
        var html = '';
        $(response).find('Movie').each(function(index,ele){
            html += '<tr>';
            $(ele).children().each(function(index,ele){
                html += '<td>' + $(ele).text() + '</td>';});
            html += '</tr>';});
        $('#dataTable').append(html);
    },'xml');});
```

任务解析

从上述代码中，使用 $. get( ) 方法获取 serverdata. xml 文件中的数据，并将响应数据解析到页面中。response 参数是服务器响应的数据，在控制台的输出结果如图 8 - 29 所示。从图中可以看出，获取到的数据是 XML 文档对象的。XML 文档对象的处理方式与 HTML 文档对象处理方式基本相同，使用 jQuery 筛选方法 find( ) 匹配所有后代"Movie"元素集合，再使用 each( ) 方法遍历每个后代元素，将 XML 中的电影信息提取出来，并且和 td 标签拼接成 HTML 语言插入 id 为"dataTable"的表格中。页面效果如图 8 - 29 所示。

**素质课堂——将复杂问题分解为简单问题的思维**

数据格式转换的方法很多，大家尽量把复杂的问题简单化，提供高效的解决方案。那么优秀的程序员都是如何解决复杂问题的呢？首先，关注如何解决问题，而不是应该输出什么。在软件领域，每天都有新的挑战。了解程序至关重要，只有这样，才能用上自己的经验解决问题。

使用 WWH 方法学习新技术，即 What（这个技术是什么）、Why（为什么要有这个技术）、How（如何学习这个技术），避免学而不思。

优秀的程序员在找到一个问题的多种解决方案之前，绝不会停止探索，他们总是想出至少两种方法来解决问题，可以根据时空复杂度和其他因素从多个解决方案中进行选择。

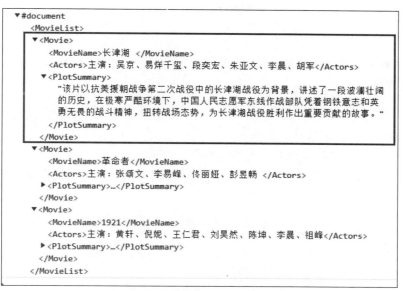

图 8-29　获取 XML 文档对象

阅读别人的代码会给你带来更多的想法，让你受益匪浅。改进之前实现过的方案，这种做法有助于提高专业水平。一个优秀程序员的最典型的品质在于他们对知识的不断探索，不断学习，与时俱进，以保证代码的高质量。

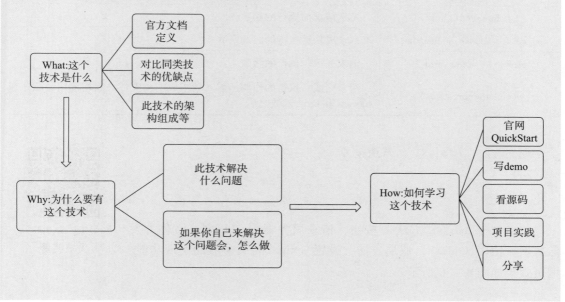

## 任务 8.5　使用 $.ajax() 方法与服务器通信

本任务演示 $.ajax() 底层方法与服务器进行通信、AJAX 相关事件的使用方法以及如何全局配置 AJAX 请求。

知识链接

$.ajax( ) 方法是 jQuery 中最底层 AJAX 方法，jQuery 中所有 AJAX 方法都是基于 $.ajax( ) 方法实现的。基本语法如下：

```
$.ajax(url,[settings])
```

url：请求资源的 URL 地址。必需。

settings：用于配置 AJAX 请求的键值对集合。可选。

$.ajax( ) 方法的 settings 参数是以 key/value 键值对的形式进行设置的，常用 settings 事件参数见表 8 - 2。

表 8 - 2　常用 settings 事件参数

| 参数 | 描述 |
| --- | --- |
| type | 请求方式（"POST" 或 "GET"），默认为 "GET" |
| data | 发送至服务器的数据 |
| xhr | 与请求对应的 XMLHttpRequest 对象 |
| dataType | 预期的服务器响应的数据类型，为可用值 xml、html、script、json、jsonp、text |
| jsonpCallback | 为 jsonp 请求指定一个回调函数名 |
| beforeSend( xhr) | 发送请求前执行的函数 |
| success( response,status,xhr) | 请求成功后执行的回调函数 |
| error( xhr,status,error) | 请求失败时执行的函数 |
| complete( xhr,status) | 请求完成后执行的回调函数（请求成功或失败之后均调用，顺序在 success 和 error 函数之后） |

任务活动 1　$.ajax( ) 方法使用

任务描述

单击 "$.ajax( ) 方法" 按钮，请求服务器 encode.php 文件并发送数据。使用 $.ajax( ) 底层方法，设置 settings 相关参数的实现功能。网页效果如图 8 - 30 所示。

8.5.1　$.ajax( ) 方法使用

任务实施

**1. 创建 demo8 - 5 - 1. html**

在 Web 站点目录 ch08 文件夹下创建网页 demo8 - 5 - 1. html。HTML 代码片段如下：

```
<button id="btn1">$.ajax()方法</button>
```

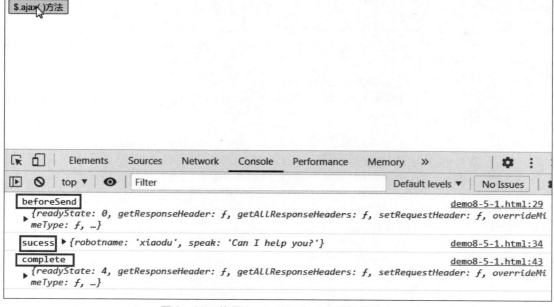

图 8 - 30　使用 $.ajax( ) 方法向服务器请求

## 2. 创建 encode. php

在与 demo8 - 5 - 1. html 相同的目录下创建 encode. php。HTML 代码片段如下：

```
< ? php   echo json_encode( $ _POST);? >
```

## 3. 绑定单击事件

为 demo8 - 5 - 1. html 网页的 "$.ajax( ) 方法" 按钮元素添加单击事件，设置 settings 参数实现 $.ajax( ) 底层方法。Script 代码如下：

```
$('#btn1').click(function(){
    $.ajax({
        url:'encode.php',
        type:'post',
//一旦设置了 datatype 选项,就不再关心服务端响应的 content - tpye
        dataType:'json',
        //用于提交服务器的参数,
        //如果是 GET 请求,就通过 url 传递
        //如果是 POST 请求,就通过请求体传递
        data:{
            robotname:'xiaodu',
            speak:'Can I help you? '},
        beforeSend:function(xhr){
            //在所有发送请求的操作(open,send)之前
```

```
        console.log('beforeSend',xhr);},
    //只有请求成功(状态码为200)时才会执行这个函数
    success:function(res){
        /* res 是响应体,会自动根据服务端响应的 content-type 转换为对象,这是在
jQuery 内部实现的*/
            console.log('sucess',res);},
        /* 请求失败时调用此函数,但是当服务器报告的类型与选择的 dataType 不匹配
时,也会执行该函数*/
    error:function(xhr){
        //res 是响应体
        console.log('error',xhr);},
    //请求完成时,不管是成功还是失败都执行
    complete:function(xhr){
        console.log('complete',xhr);}}));});
```

## 任务解析

jQuery 中所有的 AJAX 方法都是基于 $.ajax( ) 方法实现的，是 $.ajax( ) 方法 jQuery 中最底层的 AJAX 方法，可用于实现任何形式的 AJAX 请求。从上述代码中发现，以 POST 向服务器请求 encode.php 文件并发送数据 {robotname:'xiaodu',speak:'Can I help you?'}。AJAX 请求发送前，执行 beforeSend 函数，在控制台打印 xhr 对象。AJAX 请求成功时，执行 success 函数，在控制台打印响应体 res；如果 AJAX 请求失败，则执行 error 函数。请求完成时，不管是成功还是失败，都执行 complete 函数，所以，complete 函数在 success 和 error 函数之后执行。

**任务活动 2　AJAX 相关事件**

## 知识链接

8.5.2　Ajax
相关事件

在浏览网页时，用户向服务器提交了请求，但因为网络较差，未能及时得到服务器发回的数据，这时用户因为无法得到网页反馈，便会认为网页出现问题或者发送数据失败。为了提升用户体验，在提交数据到接收返回数据的这段时间内，可以在网页中显示一个提示信息，提醒用户等待数据返回。那么，如何识别数据发送和返回的时机呢？这就需要利用 AJAX 事件。

AJAX 的事件机制会监听 AJAX 请求过程，当 AJAX 请求进行到某个过程时，就会触发相应的事件。因此，利用事件可以捕捉到 AJAX 请求过程中的关键时间节点。AJAX 事件分为全局事件和局部事件。

**1. 全局事件**

当相关事件操作对象为 document 时，称为全局事件。基本语法：

```
$(document).事件名(fn);
```

fn：事件触发时执行的回调函数，在使用时，不同事件的回调函数会接收到不同的参数。

AJAX 全局事件的事件方法名以及回调函数见表 8 – 3。

表 8 – 3　全局事件

| 事件方法 | 描述 |
|---|---|
| . ajaxStart( fn( ) ) | AJAX 请求刚开始时执行的函数 |
| . ajaxSend( fn( event, xhr, settings ) ) | AJAX 请求发送前执行的函数 |
| . ajaxSuccess( fn( event, xhr, settings ) ) | AJAX 请求成功时执行的函数 |
| . ajaxError( fn( event, xhr, settings, ex ) ) | AJAX 请求发生错误时执行的函数 |
| . ajaxComplete( function( event, xhr, settings ) ) | AJAX 请求完成时执行的函数 |
| . ajaxStop( fn( ) ) | AJAX 请求完成后执行的函数 |

表 8 – 3 中，fn( ) 参数表示运行的函数；event 参数表示当前事件对象；xhr 参数表示请求对应的 XMLHttpRequest 对象；settings 参数表示 AJAX 请求中使用各项配置；ex 参数表示请求发生错误时的错误描述信息。

**2. 局部事件**

AJAX 的局部事件只与某一个具体请求相关，在指定请求的对应时间节点才能被触发。局部事件是通过 $. ajax( ) 方法中的 settings 参数对象来设置的，具体见表 8 – 4。

表 8 – 4　局部事件

| 事件方法 | 描述 |
|---|---|
| beforeSend( xhr ) | 发送请求前执行的函数 |
| success( result, status, xhr ) | 请求成功时执行的函数 |
| error( xhr, status, error ) | 请求失败时执行的函数 |
| complete( xhr, status ) | 请求完成时运行的函数（请求成功或失败时都会调用，顺序在 success 和 error 函数之后） |

表 8 – 4 中，xhr 表示该请求对应的 AJAX 对象；result 表示从服务器返回的数据；status 表示错误信息；error 表示请求错误描述。

**任务描述**

通过一个案例演示全局事件和局部事件的使用，实现 AJAX 请求的不同阶段触发相应事件函数。网页效果如图 8 – 31 所示。

**任务实施**

**1. 创建 demo8 – 5 – 2. html**

在 Web 站点目录 ch08 文件夹下创建网页 demo8 – 5 – 2. html。HTML 代码片段如下：

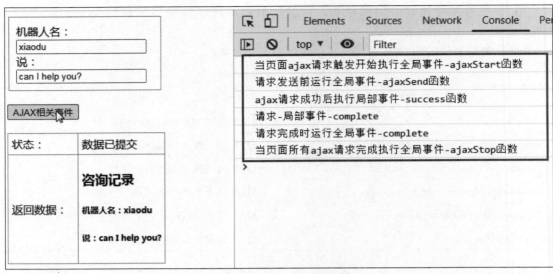

图 8 −31　AJAX 相关事件

```
< form >
    < fieldset >
        机器人名:< br > < input id = "robotname" type = "text" > < br >
        说:< br > < input id = "speak" type = "text" > < br >
    </fieldset >
</form >
< button id = "btn1" >AJAX 相关事件 </button >
< table border = "1" cellpadding = "0" cellspacing = "0" style = "" >
    < tr >
        < td >状态: </td >
        < td id = "status" > </td >
    </tr >
    < tr >
        < td >返回数据: </td >
        < td id = "data" > </td >
    </tr >
</table >
```

## 2. 编写 CSS 样式

```
fieldset{
        width:185px;
        border:1px solid #aaa;
        padding:10px 20px 10px 10px;}
fieldset input{width:180px;}
button{margin:20px 0;}
table{
```

```
        min - width:217px;
        border:1px solid #aaa;
        border - collapse:collapse;}
table td{padding:5px;}
table td:nth - child(1){width:90px;}
```

### 3. 创建 record. php

在与 demo8 – 5 – 2. html 相同的目录下创建 record. php。代码片段如下：

```
<h3 >咨询记录 </h3 >
<h6 >机器人名: <? php echo $ _REQUEST['robotname'];? > </h6 >
<h6 >说: <? php echo $ _REQUEST['speak'];? > </h6 >
```

### 4. 绑定单击事件

为 demo8 – 5 – 2. html 网页的"AJAX 相关事件"按钮元素添加 AJAX 局部事件。Script 代码如下：

```
$('#btn1').click(function(){
    var userData = {
      robotname: $('#robotname').val(),
      speak: $('#speak').val()};
        $.ajax({
            type:'post',
            url:'record. php',
            data:userData,
            success:function(response){
            $('#data').html(response);
            console. log('AJAX 请求成功后执行局部事件 - success 函数');},
            complete:function(){console. log('请求 - 局部事件 - complete');}}});});
```

### 5. 全局事件

为 demo8 – 5 – 2. html 网页添加 AJAX 全局事件。Script 代码如下：

```
$(document). ajaxStart(function(){
    console. log('当页面 AJAX 请求触发开始时执行全局事件 - ajaxStart 函数');});
$(document). ajaxSend(function(){
    $('#status').html('数据提交中');
    console. log('请求发送前运行全局事件 - ajaxSend 函数');});
$(document). ajaxComplete(function(){
    alert('测试');      //弹出警告框时会暂停脚本,此时可观察状态文本
    console. log('请求完成时运行全局事件 - complete');});
    $(document). ajaxStop(function(){
        console. log('当页面所有 AJAX 请求完成后执行全局事件 - ajaxStop 函数');
        $('#status').html('数据已提交');});
```

任务解析

从控制台的运行结果发现：第一步，当单击"AJAX 相关事件"按钮触发 ajax（）方法时，全局事件 ajaxStart 检测到页面有 AJAX 请求时就会执行 ajaxStart 事件函数里的代码。第二步，AJAX 请求发送前会执行全局事件 ajaxSend 函数，设置 id 为"status"的元素内容为"数据提交中"，并在控制台输出相关信息。第三步，AJAX 请求成功即请求 status 为 200 时，执行 ajax（）方法里面的 success 参数局部事件代码，把 id 为"data"元素的内容设置为服务器响应体数据，并在控制台输出相关信息。第四步，当 AJAX 请求完成后，执行 ajax（）方法里面的 complete 参数局部事件代码。第五步，当页面所有的 AJAX 请求完成时，执行全局事件 ajaxComplete 函数。第六步，当页面所有的 AJAX 请求完成后，执行全局事件 ajaxStop 函数。

**任务活动 3** 使用 $. ajaxSetup（） 全局配置方法

**知识链接**

在项目开发中，若一个页面需要发送多个 AJAX 请求，则需要重复书写许多配置参数。这时可以使用 AJAX 全局配置函数进行设置。jQuery 提供了 $. ajaxSetup（）全局配置方法来对所有的 AJAX 请求的相关参数进行统一设置，减少代码冗余。基本语法如下：

8.5.3 Ajax 全局配置 $. ajaxSetup（）方法的使用

```
$.ajaxSetup(settings)
```

settings 参数的使用方法与 $. ajax（）完全相同。

$. ajaxSetup（）方法用于为 AJAX 请求设置默认参数值，使用 AJAX 请求的"{key：value}"键值对来规定 AJAX 请求的设置，所有的选项都是可选的。

**任务描述**

使用 $. ajaxSetup（）方法进行 AJAX 全局设置，为两个按钮绑定单击事件，在事件触发时发出 AJAX 请求。运行效果如图 8 – 32 和图 8 – 33 所示。

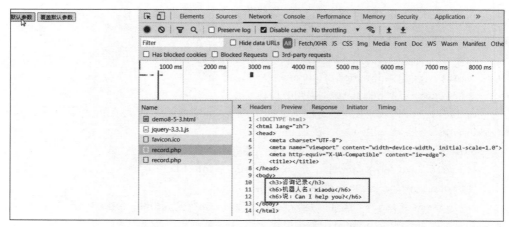

图 8 – 32 单击"默认参数"按钮运行效果

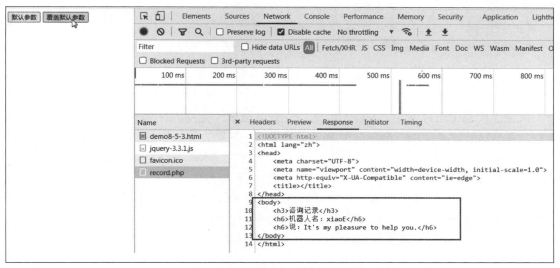

图 8 – 33 单击"覆盖默认参数"按钮运行效果

## 任务实施

### 1. 创建 demo8 – 5 – 3. html

在 Web 站点目录 ch08 文件夹下创建网页 demo8 – 5 – 3. html。HTML 代码片段如下：

```
< button id = "btn1" >默认参数 < /button >
< button id = "btn2" >覆盖默认参数 < /button >
```

### 2. 创建 record. php

在与 demo8 – 5 – 3. html 相同的目录下创建 record. php。HTML 代码片段如下：

```
< h3 >咨询记录 < /h3 >
< h6 >机器人名：< ? php echo $ _REQUEST[ 'robotname'];? > < /h6 >
< h6 >说：< ? php echo $ _REQUEST[ 'speak'];? > < /h6 >
```

### 3. AJAX 全局配置

使用 $. ajaxSetup( ) 方法设置 AJAX 请求全局参数。Script 代码如下：

```
$. ajaxSetup({  type:'post',
            url:'record. php',
            data:{robotname:'xiaodu',speak:"Can I help you?"}  });
```

### 4. 绑定单击事件

为 demo8 – 5 – 3. html 网页按钮元素添加单击事件。Script 代码如下：

```
$('#btn1').click(function(){$.ajax();});
$('#btn2').click(function(){$.ajax(data:{robotname:'xiaoE',speak:"It's my
pleasure to help you."});});
```

### 任务解析

从上述代码中可以看出，"默认参数"按钮单击事件触发的 $.ajax() 方法 settings 参数为空，而 AJAX 请求使用了全局配置 $.ajaxSetup() 方法的默认参数值，请求的请求地址为"record.php"，请求类型为"post"，发送的数据为"｛robotname：'xiaodu'，speak："Can I help you?"｝"。

"覆盖默认参数"按钮单击事件触发的 AJAX 请求除了发送的数据不同外，请求地址和请求方式都与 $.ajaxSetup() 设置的默认参数值相同。由此可见，如果在 $.ajax() 中重新设置了 settings 参数，会覆盖 $.ajaxSetup() 方法的默认参数值。

**任务活动 4　使用 $.ajaxPrefilter() 全局配置方法**

### 知识链接

jQuery 还提供了 $.ajaxPrefilter() 全局配置方法来对所有的 AJAX 请求的相关参数进行统一设置。全局配置 $.ajaxPrefilter() 方法是在回调函数中预先处理 AJAX 请求参数。基本语法如下：

8.5.4　AJAX 全局配置 $.ajaxPrefilter() 方法的使用

```
$.ajaxPrefilter([dataType],handler(settings,originalSettings,xhr))
```

settings 参数的使用方法与 $.ajax() 完全相同。

具体参数规则见表 8-5。

表 8-5　$.ajaxPrefilter 参数规则

| 参数 | 描述 |
| --- | --- |
| dataType | 需要处理何种请求数据类型的 AJAX |
| handler | 对 AJAX 参数选项预处理的函数 |
| settings | 当前 AJAX 请求的所有参数选项 |
| originalsettings | 值作为提供给 AJAX 方法的未经修改的选项 |
| xhr | 当前请求的 XMLHttpRequest 对象 |

### 任务描述

使用 $.ajaxPrefilter() 方法进行 AJAX 全局设置，分别为两个按钮绑定单击事件，并在事件方法中发送 AJAX 请求，分别请求不同类型的文件。运行结果如图 8-34 和图 8-35 所示。

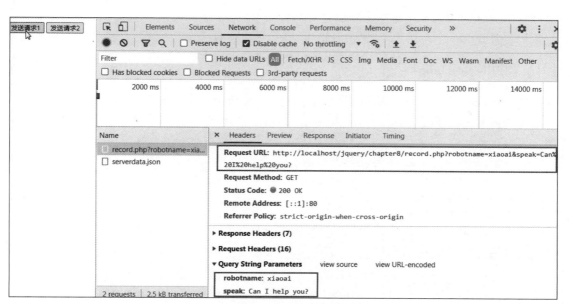

图 8－34　单击"发送请求 1"运行结果

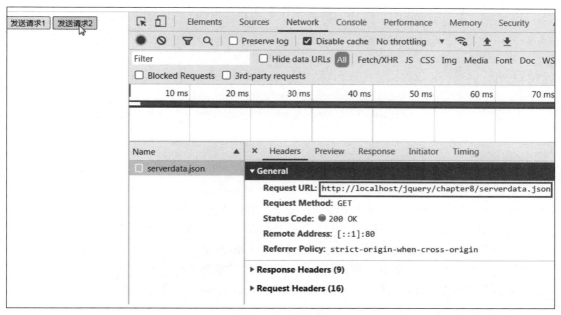

图 8－35　单击"发送请求 2"运行结果

## 任务实施

**1. 创建 demo8－5－4. html**

在 Web 站点目录 ch08 文件夹下创建网页 demo8－5－4. html。HTML 代码片段如下：

```
<button id = "btn1">发送请求1</button>
<button id = "btn2">发送请求2</button>
```

### 2. 创建 record. php

在与 demo8 – 5 – 4. html 相同的目录下创建 record. php。HTML 代码片段如下：

```
<h3>咨询记录</h3>
<h6>机器人名:<? php echo $_REQUEST['robotname'];? ></h6>
<h6>说:<? php echo $_REQUEST['speak'];? ></h6>
```

### 3. AJAX 全局配置

使用 $. ajaxPrefilter( ) 方法设置 AJAX 请求全局参数。Script 代码如下：

```
$. ajaxPrefilter('html',function(settings){
    console. log(settings);
      settings. url += '? robotname = xiaoai&speak = Can I help you? ';});
```

### 4. 绑定单击事件

为 demo8 – 5 – 4. html 网页按钮元素添加单击事件。Script 代码如下：

```
$('#btn1'). click(function(){
        $. ajax({url:'record. php',dataType:'html'});});
//dataType:'json'必须和 $. ajaxPrefilter 的类型一致,不然不会触发
        $('#btn2'). click(function(){
                $. ajax({url:'serverdata. json',dataType:'json'});  });
```

### 任务解析

在上述代码中，为两个按钮绑定单击事件，并在事件方法中发送 AJAX 请求，分别请求不同类型的文件，"发送请求1" 按钮单击事件的请求数据类型为 html，是使用了 $. ajaxPrefilter( ) 方法设置的请求数据类型参数值，经过 $. ajaxPrefilter( ) 方法处理后，在请求地址后面追加了查询字符串 "? robotname = xiaoai&speak = Can I help you?"。

从图 8 – 40 中可知，单击 "发送请求2" 按钮，请求地址并没有发生改变。原因在于当前请求的数据类型是 json，而 $. ajaxPrefilter( ) 方法处理的请求数据类型是 html，两者类型不一致，$. ajaxPrefilter( ) 方法不会触发。

### 素质课堂——培养解决复杂问题的能力

良好的解决问题的能力包括创造性和分析性思考，将问题分解成更小的部分，并使用系统的方法找到解决方案。强大的问题解决能力对于软件开发的职业生涯的成功至关重要。其中，分而治之就是一种很好的解决问题的方法。

分而治之是一种软件工程技术，用于通过将复杂问题分解成更小、更易于管理的部分来解决，然后将解决的子问题进行组合，来解决更大的问题。通过将复杂问题分解为更小、更易于管理的子问题，可以更高效地解决问题。

　　分而治之的常见例子有递归的使用、快速排序算法。递归涉及将问题分解为较小的子问题，解决每个子问题，然后将子问题的解决方法组合在一起，以解决更大的问题。

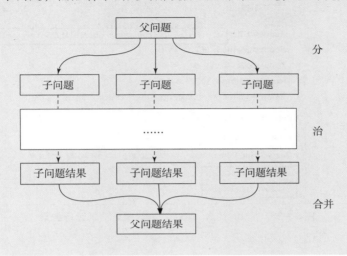

## 任务 8.6　跨域访问网页

8.6　AJAX 跨域技术

　　本任务使用 jQuery 提供 jsonp 的 $.ajax() 和 $.getJSON() 2 个方法实现跨域请求。

### 知识链接

　　在网络中，协议、域名、端口号有任何一个不同，都属于不同的域。出于安全考虑，浏览器限制了跨域行为，只允许页面访问本域的资源，这种限制称为同源策略。跨域就是指一个域的页面请求另外一个域的资源。例如，一个页面的 url 地址为 http://localhost:80，http 为协议，localhost 为域名，80 为端口号，请求地址中任何一个不同，就属于跨域。

### 任务描述

　　搭建 www.dom.com 域名服务器，通过浏览器访问 http://www.dom.com:80/jsonp.php，实现跨域请求，分别使用 jsonp 的 $.ajax() 方法和 $.getJSON() 方法完成。运行结果如图 8-36 和图 8-37 所示。

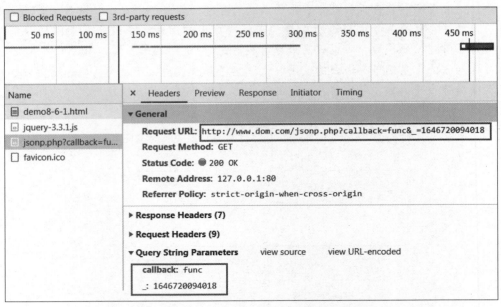

图 8−36 jsonp 的 $. ajax( ) 方法跨域请求运行结果

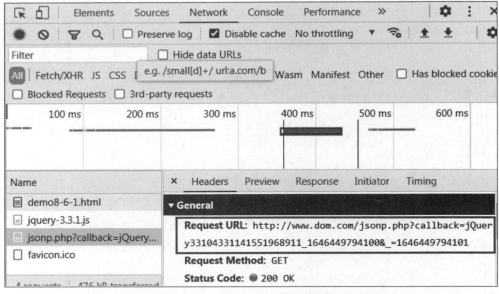

图 8−37 $. getJSON( ) 方法跨域请求运行结果

任务实施

（1）搭建 www. dom. com 域名服务器。

步骤 1：单击 WampServer 图标，选择"Apache"→"httpd − vhosts. conf"命令，打开 Apache 虚拟主机配置文件 httpd − vhosts. conf，如图 8−38 所示。

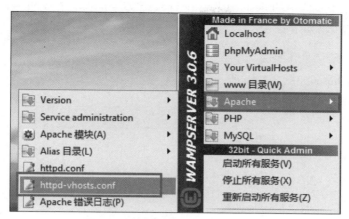

图 8 - 38　打开 httpd - vhosts. conf

步骤 2：设置域名，配置解析的域名及域名绑定的目录。具体的配置参考如下：

```
<VirtualHost* :80 >
     ServerName www. dom. com
     ServerAlias localhost
     DocumentRoot d:/wamp/www/load
     <Directory  "d:/wamp/www/load/" >
         Options + Indexes + Includes + FollowSymLinks + MultiViews
         AllowOverride All
         Require local
     </Directory >
</VirtualHost >
```

可以复制配置文件中的一段域名配置代码，粘贴在配置文件的末尾，按照自己的需要修改配置代码。注意，www 后面的 "load" 是在 www 目录文件夹中建立的单独目录，即放置网站源码的文件夹，可根据自己的需要建立不同名称的目录。

在图 8 - 39 所示的线框中，可根据自己的需求修改成自己的站点目录以及所需的域名，本例中，设置域名为 "www. dom. com"，站点根目录为 "d:/wamp/www/load"，www. dom. com 网站的文件需建在该目录中。

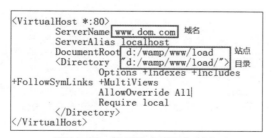

图 8 - 39　配置站点目录和域名

步骤 3：配置本地 IP 域名解析。

双击 "电脑" 图标，找到 C 盘（WampServer 软件安装位置），打开文件 C：\Windows\

System32\drivers\etc\hosts 中的 hosts 文件，配置系统文件 hosts，在文件末尾添加需要访问的域名并保存。参考代码如下：

```
127.0.0.1          www.dom.com
```

配置系统文件 hosts 如图 8 - 40 所示。

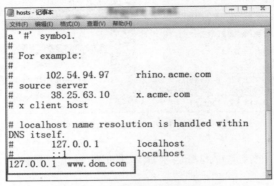

图 8 - 40　配置系统文件 hosts

步骤 4：重启 WampServer 软件就可以在浏览器中访问 www.dom.com 网站。

（2）创建服务器文件 jsonp.php。

在 www.dom.com 站点根目录 d:/wamp/www/load 下创建 jsonp.php。代码如下：

```
<? php
$ callback = $ _GET['callback'];
echo "$ callback(123);";
? >
```

（3）普通 $.ajax( ) 方法跨域请求。

在 Web 站点目录 ch08 文件夹下创建 HTML5 网页 demo8 - 6 - 1.html，如果使用普通的 $.ajax( ) 方法跨域请求，则请求是不能成功的（图 8 - 41）。Script 代码如下：

```
$.ajax({url:"http://www.dom.com:80/jsonp.php"})     //不使用跨域
```

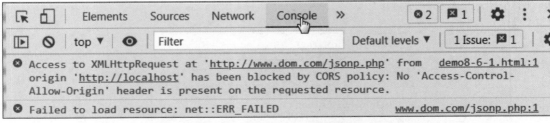

图 8 - 41　普通 $.ajax( ) 方法跨域请求失败

（4）使用 jsonp 的 $.ajax( ) 方法跨域请求，请求成功。Script 代码如下：

```
//使用 jsonp 的 $.ajax( )方法跨域请求
$.ajax({ url:"http://www.dom.com:80/jsonp.php? callback=?",
```

```
/* 使用 jsonp 形式调用函数时,如"myurl? callback = ?",jQuery 将根据 jsonpCallback 参数
指定的函数名,自动替换? 为正确的函数名,以执行回调函数*/
    dataType:"jsonp",
//为 jsonp 请求指定一个回调函数名
    jsonpCallback:"func"})
//定义回调函数
  function func(data){console.log(data);};
```

（5）使用 $.getJSON( ) 方法跨域请求，请求成功。Script 代码如下：

```
/* 使用 $.getJSON( )方法,callback = ? 的? 将被 $.getJSON( )方法替换成一个自动生成的函数
名*/
    $.getJSON('http://www.dom.com:80/jsonp.php? callback = ? ',
          function(data){console.log(data);});//回调函数
```

### 任务解析

运行代码，发现使用普通的 $.ajax( ) 方法跨域请求时，请求会报错，如图 8 – 46 所示。错误信息提示浏览器默认只允许同源访问，不允许跨域访问。

如果使用 $.ajax( ) 方法实现跨域访问，就必须使用 jsonp 格式的 $.ajax( ) 方法，dataType 参数设置为“jsonp”，jsonpCallback 参数为 jsonp 请求指定一个回调函数名，在 url 参数网址后面添加使用 jsonp 形式调用函数，格式如“myurl?callback = ?”。jQuery 将根据 jsonpCallback 参数指定的函数名自动将“?”替换为正确的函数名，以执行回调函数。本例中使用 $.ajax( ) 方法发出 jsonp 格式的跨域请求，请求成功后，执行回调函数 func，在控制台输出 123。

除了使用 jsonp 格式的 $.ajax( ) 方法跨域请求外，还可以使用 $.getJSON( ) 方法。$.getJSON( ) 方法的书写比 jsonp 格式的 $.ajax( ) 方法要简单，只需在 url 请求地址后面添加“? callback = ?”，callback 表示回调函数，格式如“myurl?callback = ?”。callback = ? 的“?”将被 $.getJSON( ) 方法替换成一个自动生成的函数名。本例中使用 $.getJSON( ) 方法发出跨域请求，请求成功后执行 $.getJSON( ) 方法里的回调函数，在控制台输出 123。

**素质课堂——创新精神和实践能力的培养**

近十年来，我国网络基础设施建设步伐加快，网民规模、国家顶级域名注册量均为全球第一。数字经济发展势头强劲，我国数字经济规模已经连续多年稳居世界第二，从 2012 年的 11 万亿元增长到 2022 年的 50.2 万亿元，2023 年我国数字经济核心产业增加值超过 12 万亿元，占 GDP 的比重为 10% 左右。

信息领域核心技术自主创新取得突破。高性能计算保持优势，5G 实现技术、产业、应用全面领先，北斗导航卫星全球组网；信息惠民便民成效显著，“互联网 +” 教育、医疗等深入推进；网络空间法治化进程加快推进，推动出台《网络安全法》《数据安全法》《个人信息保护法》 等法律法规和管理规定 100 余部。

从 2014 年至 2023 年，我国连续 10 年举办世界互联网大会，成立世界互联网大会国际组织，推出携手构建网络空间命运共同体概念文件和行动倡议等。

网络数字经济的发展依赖于创新驱动和科技发展。这种发展模式鼓励创新思维，提倡技术革新，从而推动经济结构的优化和升级。

## 任务 8.7  表单序列化方法的使用

本任务演示 jQuery 提供的表单序列化方法的使用。

8.7  序列化
方法的使用

### 知识链接

网页的表单元素是用户输入数据的入口，在用户输入数据后，开发人员需要逐个提取表单元素中的数据，操作较为烦琐，为解决这个问题，jQuery 提供了序列化表单元素的方法，可以将表单元素中的数据提取出来形成特定格式进行提交，页面不发生跳转。

**1. serialize() 方法**

serialize() 方法是将表单元素序列化为字符串。基本语法：

```
formEle.serialize()
```

formEle 表示 form 表单标签对应的 jQuery 对象。formEle 对象调用 serialize() 方法后会返回一段字符串，该字符串就是表单元素的数据序列化后的结果。格式形如 "key1 = value1& key2 = value2& key3 = value3"。

**2. serializeArray() 方法**

serializeArray() 方法是将表单值序列化为对象数组。基本语法：

```
formEle.serializeArray()
```

语法格式和 serialize() 完全相同，但返回的数据类型不同，serializeArray() 方法返回一个数组，数组中每一个元素都是一个对象。在对象中，"name" 属性表示表单项的 name

属性值，"value" 属性表示用户输入的值。

### 3. param( ) 方法

param( ) 方法是将数组或对象元素序列化为字符串。基本语法：

```
$.param(object)
```

object 参数是要进行序列化的数组或对象。

调用 param( ) 方法后会返回一段字符串，该序列化值可在进行 AJAX 请求时，在 URL 查询字符串中使用。

## 任务描述

3 个按钮绑定单击事件分别调用序列化字符串 serialize( ) 方法、param( ) 方法和序列化对象数组 serializeArray( ) 方法。网页效果如图 8 – 42 ~ 图 8 – 44 所示。

图 8 – 42　serialize( ) 方法序列化表单数据

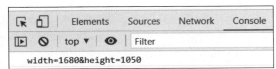

图 8 – 43　param( ) 方法序列化 JS 对象

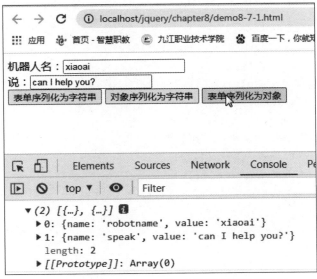

图 8 – 44　serializeArray( ) 方法序列化对象数组

## 任务实施

### 1. 创建 demo8 – 7 – 1. html

在 Web 站点目录 ch08 文件夹下创建网页 demo8 – 7 – 1. html。HTML 代码片段如下：

```
<form id = "formData">
    机器人名:<input type = "text" name = "robotname"><br>
    说:<input type = "text" name = "speak"><br>
</form>
<button id = "btn1">表单序列化为字符串</button>
    <button id = "btn2">对象序列化为字符串</button>
<button id = "btn3">表单序列化为对象</button>
```

### 2. 创建服务器文件 record. php

在与 demo8 – 7 – 1. html 相同的目录下创建 record. php。代码如下：

```
<body>
  <h3>咨询记录</h3>
  <h6>机器人名:<? php echo $_REQUEST['robotname'];? ></h6>
  <h6>说:<? php echo $_REQUEST['speak'];? ></h6>
</body>
```

### 3. 绑定单击事件

为 demo8 – 7 – 1. html 网页的 3 个按钮分别绑定单击事件。Script 代码如下：

```
$('#btn1').click(function(){
    var result = $('#formData').serialize()
    console.log(result);
     $.get('record',result);  });
  $('#btn2').click(function(){
    data = {width:1680,height:1050};
    //param 函数将 js 对象转成查询字符串
    console.log( $.param(data();});
  $('#btn3').click(function(){
    var result = $('#formData').serializeArray();
    console.log(result);
      $.post('record',result);  });
```

## 任务解析

运行代码，发现 id 为“btn1”的按钮绑定单击事件通过序列化表单字符串 serialize( ) 方法获取 id 为“formData”的 form 标签中的数据。从图 8 – 42 可知，serialize( ) 方法将表单数据格式化成类似查询字符串的形式，该字符串使用 $.get( ) 方法作为 data 参数发送请求，请求数据会添加在 url 地址后面作为查询字符串使用。

　　id 为"btn2"按钮绑定的单击事件，使用 $.param( ) 方法实现将 JS 对象转成查询字符串。

　　id 为"btn3"按钮绑定的单击事件，使用 $.serializeArray( ) 方法将 id 为"formData"的 form 标签中的数据序列化成数组对象格式。该数组对象使用 $.post( ) 方法作为 data 参数发送数据，请求的数据将其作为请求实体发送到服务器。

### 素质课堂——培养结构化思维

　　结构化思维是程序员必备的思维能力。结构化思维是一种从无序到有序的思考过程，将搜集到的信息、数据、知识等素材按一定的逻辑进行分析、整理，呈现出有序的结构，继而化繁为简。

　　那么如何构建结构化思维呢？在解决问题的时候，可以从目标出发，沿着不同的路径分解，探求问题的答案，自上而下地搭建金字塔结构，即问题分解。例如，对于写一篇有明确主题的文章，用 What、Why、How 来构建结构，2W1H 是构建结构最常用，也是最有用的框架之一。对于"如何写好技术文章"的问题，可以从为什么写文章、什么是好文章、如何写好文章 3 个主题着手。再把这 3 个主题进行分解答疑，为什么写文章：第一，写文章是费曼学习法，第二，写文章可以增加影响力；什么是好文章：内容有价值、结构要清晰；如何写好文章：第一，选择好内容，第二，搭建清晰的结构，第三，刻意练习，第四，迭代优化。

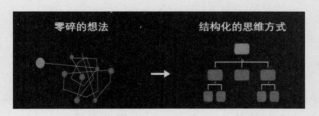

## 任务8.8　1+X 实战案例——电商首页 AJAX 请求

8.8　1+X 实战案例——电商首页 AJAX 请求

### 任务描述

　　单击电商首页 index.html 网页中的"我的资料""我的购物车""我的订单"按钮时，发送 AJAX 请求，页面显示进度条，并实现网页局部更新，不会跳转到对应的网站子页面。网页效果如图 8-45～图 8-47 所示。

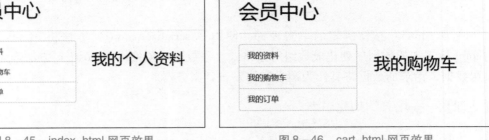

图 8 -45　index. html 网页效果　　　　　图 8 -46　cart. html 网页效果

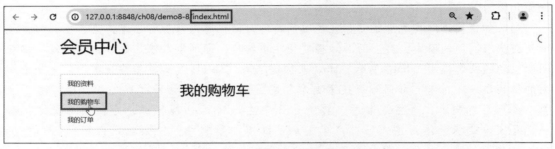

图 8 -47　单击按钮事件网页效果

## 任务实施

**1. 新建网站首页 index. html**

在 Web 站点目录 ch08 文件夹下创建 demo8 -8 文件夹，在该文件夹下创建网站首页 index. html。引入 Bootstrap 框架快速构建页面，引入进度条插件 nprogress 实现进度条加载效果。HTML 代码如下：

```
<!--最新版本的 Bootstrap 核心 CSS 文档-->
<link rel = "stylesheet" href = "css/bootstrap. min. css">
<!--最新的 Bootstrap 核心 JavaScript 文档-->
<link rel = "stylesheet" href = ". /JS/nprogress. css" />
<script src = "JS/jquery - 3. 3. 1. js"> </script>
<script src = "JS/bootstrap. min. js"> </script>
<script src = "JS/nprogress. js"> </script>
. loading{display:none;
        position:fixed;
        left:0;
        top:0; }
<div class = "container pt - 4">
```

```
        <h1>会员中心</h1>
        <hr>
        <div class="row">
        <aside class="col-md-3">
                <div class="list-group">
                        <a  class="list-group-item list-group-item-action"
href="index.html">我的资料</a>
                        <a  class="list-group-item list-group-item-action"
href="./pages/cart.html">我的购物车</a>
                        <a class="list-group-item list-group-item-action"
href="./pages/orders.html">我的订单</a>
                </div>
        </aside>
        <main id="main" class="col-md-9">
                <h2>我的个人资料</h2>
        </main>
        </div>        </div>
```

### 2. 创建子页面 cart. html

在 demo8 - 8 文件夹下新建 pages 文件夹，在该文件夹下创建子页面 cart. html，引入需要的 CSS 和 JS 库文件。cart 页面的 HTML 代码和 index. html 几乎一样，只需修改 main 标签包含的 h2 标签内容为 "我的购物车"。代码如下：

```
<main id="main" class="col-md-9"><h2>我的购物车</h2></main>
```

### 3. 创建子页面 orders. html

在 demo8 - 8 文件夹下新建 pages 文件夹，在该文件夹下创建子页面 orders. html，orders 页面的 HTML 代码和 cart. html 几乎一样，只需修改 main 标签包含的 h2 标签内容为 "我的订单"。代码如下：

```
<main id="main" class="col-md-9"><h2>我的订单</h2></main>
```

### 4. 显示进度条和加载指定元素

在 index. html 中添加如下 jQuery 代码。代码如下：

```
$(function(){
    $(document).ajaxStart(function(){  NProgress.start();})
    $(document).ajaxStop(function(){
                            NProgress.set(0.8);
                            NProgress.done();})
    $('.list-group-item').on('click',function(){
            var url = $(this).attr('href');
```

```
$('#main').load(url +'  main');
                return false;})  })
```

## 任务解析

使用 load( ) 方法发送 AJAX 请求，请求 HTML 内容，触发页面 ajaxStart 事件显示进度条。AJAX 请求完成后，触发页面 ajaxStop 进度条显示完成，并将响应的数据加载到指定元素内容中，实现网页局部更新。例如，当单击类名为 ". list – group – item" 的元素时，触发绑定的单击事件，通过 this 获取当前对象的 "href" 属性值并赋值给变量 url，使用 load( ) 方法发生 AJAX 请求页面显示进度条。AJAX 请求完成后，进度条显示完成，并将响应的数据加载到 id 为 "main" 的元素中，实现局部更新页面。这时可以看到网页还是 "index. html" 网页，页面不会发生跳转。

## 素质课堂——培养团队合作精神

随着软件系统的规模越来越庞大，软件开发过程中的分工越来越细，靠单兵作战来实现复杂系统越来越不现实。在企业中，无论是合同项目还是自有产品，通常采用项目管理模式，成立专门的项目组（Team），进行具体的研发工作。项目组通常由多种角色的成员构成，角色对应的职责如下：

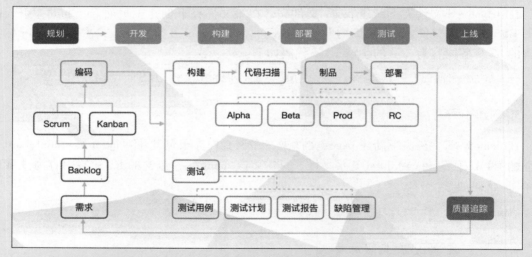

1. 项目经理。是项目的主要责任人，对项目的进度和质量负有主要责任。项目经理主要负责项目的日常管理，如计划制订、任务跟踪、沟通协调、团队建设、需求分析、技术审核等。
2. 产品经理。一般自有产品才会配备产品经理，主要负责市场调研、产品策划、撰写产品的需求、跟踪产品的实现、协助市场人员进行产品的营销、获取用户反馈、产品的改进等。
3. 架构师或者设计师。主要负责系统的总体设计、详细设计，撰写设计文档。
4. 软件工程师。完成需求分析、软件功能的开发和单元测试及相关文档的撰写。

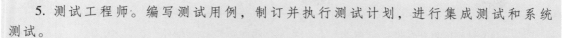

5. 测试工程师。编写测试用例，制订并执行测试计划，进行集成测试和系统测试。

团队协作是软件开发过程中的核心元素，是成功项目的必备条件，也是程序员的重要职业素养。程序员需要积极地与其他团队成员沟通、协调、合作，建立真正的团队精神，融入团队中，并与其他成员一起追求共同的目标。通过加强团队协作能力，并借助团队合作的优势，可以获得更多的工作机会和成功。

## 【项目小结】

在 Web 应用中，常常需要与服务器进行数据交互。传统的表单提交方式虽然可以实现这一功能，但它会带来页面刷新、用户体验差、资源浪费等问题。为了解决这些痛点，jQuery 提供了 AJAX 功能，使开发者可以在不刷新页面的情况下与服务器进行异步通信。

通过展示《长津湖》影评和简介的任务学习，掌握 AJAX 的 $.get( )$ 和 $.post( )$ 方法与服务器通信，以及如何处理返回的数据。通过其他任务的学习，熟悉了 jQuery 的 AJAX 功能，开发者可以轻松地实现动态加载数据、实时更新页面内容、与服务器进行实时通信等功能。这大大提升了 Web 应用的用户体验和性能，减少了不必要的页面刷新和资源浪费。此外，异步通信的特点也使用户在等待服务器响应时可以继续进行其他操作，进一步提升了用户满意度。

通过本项目的实践，不仅提升了页面数据交互的性能和用户体验，还帮助读者更好地理解和应用 AJAX 技术。

## 项目测评

根据课堂学习情况和项目任务完成情况，进行评价打分。

| 项目名称 | AJAX 动态网页开发 | 姓名 | | 学号 | | | |
|---|---|---|---|---|---|---|---|
| 测评内容 | 测评标准 | | | 分值 | 自评 | 组评 | 师评 |
| 认识 AJAX 的工作原理 | 能描述传统方式与 AJAX 请求方式的区别 | | | 5 | | | |
| 搭建和配置 WampServer 服务器环境 | 能成功安装 WampServer 软件并运行网页 | | | 10 | | | |
| load( ) 方法的使用 | 加载网页局部区域 | | | 10 | | | |
| 使用 $.get( )$ 和 $.post( )$ 方法请求数据 | 能描述 $.get( )$ 和 $.post( )$ 的方法区别 | | | 10 | | | |
| 数据格式处理 | 能将后端获取的 JSON、PHP、XML 数据提取出来，填入前端页面元素中 | | | 20 | | | |
| AJAX 底层操作 | 能设置 $.ajax( )$ 方法的 settings 参数 | | | 20 | | | |

| 项目名称 | AJAX 动态网页开发 | 姓名 | | 学号 | | | |
|---|---|---|---|---|---|---|---|
| 测评内容 | 测评标准 | | | 分值 | 自评 | 组评 | 师评 |
| AJAX 跨域技术 | 能使用 $.getJSON() 方法实现跨域请求 | | | 20 | | | |
| 序列化方法的使用 | 能使用 serializeArray() 方法将表单序列化为对象数组 | | | 5 | | | |

## 【练习园地】

一、单选题

1. AJAX 是 "Asynchronous JavaScript and XML" 的缩写，关于 AJAX 的说法，错误的是（　　）。

A. AJAX 使用 DOM 进行动态显示及交互

B. AJAX 使用 XML 和 XSLT 进行数据交换及相关操作

C. AJAX 使用 XMLHttpRequest 进行异步数据查询、检索

D. AJAX 和 JavaScript 没什么关系

2. 关于 jsonp 的说法，错误的是（　　）。

A. 数据可以使用 JSON 格式

B. 可以实现跨域通信

C. 使用 GET 请求

D. 不能解决不同域名的跨域问题

3. 下面选项中，将字符串""{""姓名"":""张三"",""性别"":""男""}""解析成 JSON 对象，写法正确的是（　　）。

A. JSON. parses(""{""姓名"":""张三"",""性别"":""男""}"");

B. JSON. stringify(""{""姓名"":""张三"",""性别"":""男""}"");

C. JSON. parse(""{""姓名"":""张三"",""性别"":""男""}"");

D. JSON. string(""{""姓名"":""张三"",""性别"":""男""}"");

4. 关于 JSON，说法正确的是（　　）。

A. JSON 是一种轻量级的数据交换格式

B. JSON 对象由花括号括起来的逗号分割的成员构成

C. JSON 是 JavaScript 对象的字符串表示法

D. JSON 依赖 jQuery 框架

二、操作题

使用 AJAX 技术制作图书管理系统，实现向服务器请求 JSON 数据格式，将响应数据渲染到前端页面，网页效果如图 8-48 所示。

图 8－48　网页效果

其中，JSON 数据格式形式如图 8－49 所示。

```
▼[{id: "138450072656", title: " JavaScript & jQuery 交互式Web前端开发", author: "[美]Jon Duckett",…},…]
  ▼0: {id: "138450072656", title: " JavaScript & jQuery 交互式Web前端开发", author: "[美]Jon Duckett",…}
      author: "[美]Jon Duckett"
      id: "138450072656"
      pages: "420"
      price: "75"
      pubdate: "2015"
      publisher: "清华大学出版社"
      title: " JavaScript & jQuery 交互式Web前端开发"
  ▶1: {id: "217477399306", title: "JavaScript ES8函数式编程实践入门(第2版)", author: "[印]安托·阿拉文思（Anto Aravinth）",…}
  ▶2: {id: "422397735167", title: "JavaScript编程思想从ES5到ES9", author: "柯霖廷", publisher: "清华大学出版社",…}
  ▶3: {id: "511681708756", title: "Vue.js设计与实现", author: "霍春阳（HcySunYang）", publisher: "人民邮电出版社",…}
```

图 8－49　JSON 数据格式形式

技能拓展篇

# 项目 9

# jQuery Mobile 框架移动开发

书证融通

本项目对应《Web 前端开发职业技能高级标准》中的"能使用 jQuery Mobile 创建移动端网页，掌握应用中出现问题的解决方法"，从事 Web 前端开发的中高级工程师应当熟练掌握。

知识目标

1. 掌握 jQuery Mobile 的布局和样式设计。

2. 掌握使用 jQuery Mobile 弹窗、导航栏、面板和可折叠块等组件。

3. 学会使用 jQuery Mobile 事件处理机制。

技能目标

1. 熟悉 jQuery Mobile 的页面结构和布局方式。

2. 熟悉 jQuery Mobile 核心组件和 API。

3. 能够使用 jQuery Mobile 构建移动应用程序的界面和用户交互体验。

素质目标

1. 理解工匠精神。

2. 培养用户导向的价值观。

3. 培养团队协作精神。

1＋X 考核导航

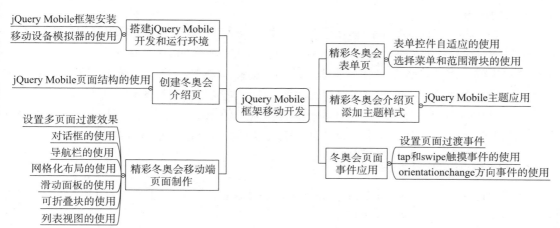

## 项目描述

随着移动设备的普及，为移动设备提供优化的 Web 体验变得至关重要。然而，传统的 Web 开发方法往往无法充分满足移动用户的需求，存在着布局混乱、加载速度慢、触摸事件处理不佳等问题。为了解决这些问题，jQuery Mobile 应运而生，为移动 Web 开发带来了革命性的改变。

首先，jQuery Mobile 提供了一套统一的 UI 框架，使开发者能够轻松创建适应不同屏幕尺寸和分辨率的响应式布局。其次，jQuery Mobile 优化了页面加载速度，通过懒加载等技术减少不必要的网络请求和资源加载。此外，它还提供了丰富的触摸事件处理功能，使开发者能够更好地处理用户的触摸操作，提供更自然的交互体验。jQuery Mobile 框架应用于智能手机与平板电脑，可以解决不同移动设备上网页显示界面不统一的问题。

本项目使用 jQuery Mobile 框架创建冬奥弹窗、对话框、导航栏、面板、可折叠块等页面，给页面添加触摸、滚屏、方向等事件。

## 任务 9.1　搭建 jQuery Mobile 开发和运行环境

9.1　jQuery Mobile
快速入门

## 知识链接

### 1. 认识 jQuery Mobile

随着移动端设备的发展，移动端浏览器也在飞速发展，移动端浏览器的使用体验也在逐渐赶上 PC 端浏览器。在这种大趋势下，jQuery 框架增加了一个组件，叫作 jQuery Mobile。jQuery Mobile 是在 jQuery 基础上经过触控优化的移动端框架，用于创建移动 Web 应用程序。jQuery Mobile 函数库基于 HTML5，是适用于所有移动设备和桌面设备的网站前端开发框架。

jQuery Mobile 的作用是向所有主流浏览器提供一个统一的体验。jQuery Moblie 有以下四大优势。

（1）简单易用：jQuery Moblie 通过 HTML5 标签和 CSS3 规范来配置和美化页面，操作容易，架构清晰。

（2）跨平台：目前大部分的移动设备浏览器都支持 HTML5 标准和 jQuery Moblie，所以可以实现跨不同的移动设备，例如 Android、Apple iOS、Windows Phone 等。

（3）提供丰富的函数库：对于常见的键盘、触碰功能等，开发人员不用编写代码，只需要经过简单的设置，就可以实现需要的功能，大大减少了程序员的开发时间。

（4）丰富的布局主题和 ThemeRoller 工具：通过使用 jQuery UT 的 ThemeRoller 在线工具，只需要在下拉菜单中进行简单的设置，就可以制作出丰富多彩的网页风格。

### 2. jQuery Mobile 的安装

登录 jQuery Mobile 官网 https://jquerymobile.com/，单击"Latest stable"按钮下载 jquery. mobile 库文件，如图 9 - 1 所示。

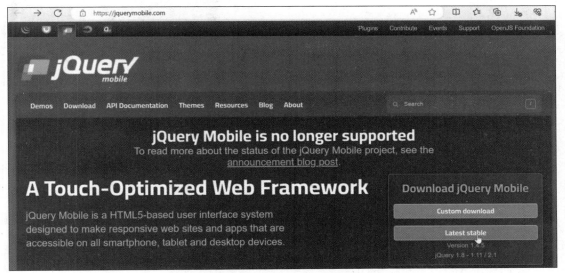

图 9 - 1　jQuery Mobile 库文件下载界面

下载完成后解压，然后在网页中引入文件即可。代码如下：

```
<head>
    <meta charset = "UTF - 8">
    <meta name = "viewport" content = "width = device - width,initial - scale = 1">
      < link  rel  = " stylesheet "  href  = " jquery. mobile/jquery. mobile -
1.4.5. min. css">
    <script src = "jquery. min. js"> </script>
    <script src = "jquery. mobile/jquery. mobile - 1.4.5. min. js"> </script>
</head>
```

jquery. mobile – 1. 4. 5. min. css 是开发 jQuery Mobile 页面需要使用的样式表，jquery. mobile – 1. 4. 5. min. js 是开发 jQuery Mobile 页面需要的 jQuery 类库。

注意：需要先引入 jQuery 库文件，再引入 jQuery Mobile 库文件，否则会报错，因为 jQuery Mobile 是基于 jQuery 的开源框架。

创建 jQuery Moblie 网页的操作步骤如下。

（1）创建 HTML5 文件。

（2）引入 jQuery、jQuery Mobile 和 jQuery Mobile CSS 库文件。

（3）使用 jQuery Mobile 定义的 HTML 标准，编写网页架构和内容。

### 3. 移动设备模拟器 Opera Mobile Emulator

网页制作完成后，需要在移动设备上预览最终的效果。Opera Mobile 是针对移动设备开发的浏览器，在各大智能手机操作系统和便携式游戏机上都可以看到它的身影。如果想要在 Windows 操作系统上查看移动设备上最终效果，就需要安装移动设备模拟器，常见的移动设备模拟器是 Opera Mobile Emulator。

图 9-2　模拟器 Opera Mobile Emulator 欢迎界面

### 任务描述

下载 jQuery Mobile 文件和安装移动设备模拟器 Opera Mobile Emulator。其中，jquery. mobile - 1. 4. 5. min. css 是开发 jQuery Mobile 页面需要使用的样式表；jquery. mobile - 1. 4. 5. min. js 是开发 jQuery Mobile 页面需要的 jQuery 类库；Opera Mobile Emulator 移动设备模拟器用来模拟移动端网页运行效果。网页效果如图 9-2 所示。

### 任务实施

#### 1. 安装移动设备模拟器 Opera Mobile Emulator

登录 Opera Mobile 官网，进入 https://www. opera. com/zh - cn/download 进行下载。

第 1 步：安装运行后，会跳出选择语言界面，选择简体中文即可。

第 2 步：在 Opera Mobile Emulator 参数设置界面（图 9-3）中选择 Opera Mobile Emulator 运行时的分辨率、像素密度等参数，也可以直接在左侧选择机型。

图 9-3　Opera Mobile Emulator 参数设置界面

第 3 步：在"资料"列表框中选择移动设备的类型，这里选择"LG Optimus 3D"选项，单击"启动"按钮，如图 9 - 4 所示。

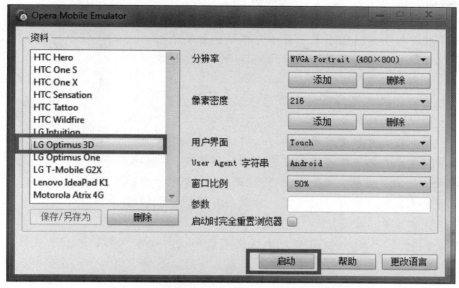

图 9 - 4　Opera Mobile Emulator 启动参数设置

第 4 步：打开欢迎界面，如图 9 - 2 所示。

### 2. 引入 jQuery Mobile 框架

在 Web 站点目录 ch09 文件夹下创建 HTML5 网页 demo9 - 1. html，在 head 标签中引入 jQuery Mobile 框架。代码如下：

```
<meta charset = "UTF - 8">
<meta name = "viewport" content = "width = device - width, initial - scale = 1">
<link rel = "stylesheet" href = "jquery. mobile/jquery. mobile - 1.4.5. min. css">
<script src = "jquery. min. js"> </script>
<script src = "jquery. mobile/jquery. mobile - 1.4.5. min. js"> </script>
```

### 3. 查看网页效果

查看移动网页的效果，直接将文件拖曳到 Opera Mobile Emulator 窗口即可。

### 任务解析

解压后的 jquery. mobile 目录保存在与站点 project 文件夹相同的路径下。上述代码中，"viewport"是 HTML5 新增的，用于在做移动端开发时，使移动端的页面可以在不同宽度的手机上显示。

**素质课堂——建立社会责任意识**

在学习 jQuery Mobile 之初，不仅聚焦于其强大的功能性和易用性，更应该充分认识到作为一名移动应用的开发者，在塑造现代社会和科技生活过程中承担着不可或缺的社会责任。这种责任不仅体现在技术的精湛和应用的创新上，更体现在对社会责任的深刻理解和积极履行上。

作为未来的技术精英，我们应该明确，每一次代码编写、每一次功能设计，都可能影响到成千上万用户的生活方式和价值观念。因此，在开发移动应用时，不仅要追求技术的先进性和应用的便捷性，更要注重应用的道德性和社会影响。我们应该坚守诚信原则，不利用技术损害用户利益；应该关注社会热点问题，用技术为社会发展贡献力量；应该倡导正能量，传播正确的价值观和生活态度。

在学习 jQuery Mobile 的过程中，不仅要掌握其技术知识，更要深入理解作为开发者应承担的社会责任。只有这样，才能开发出真正有益于社会、造福于人类的移动应用。

## 任务 9.2　创建冬奥会介绍页

9.2　jQuery Mobile 的网页架构

### 知识链接

jQuery Mobile 网页是以页面（page）为单位。jQuery Mobile 页面是由 header、content 和 footer 三个区域组成的架构，data – role 属性用来定义移动设备的网页架构，data – role 属性取值有以下 4 个。

data – role = "page"定义在浏览器中显示的页面。

data – role = "header"定义页面顶部区域，如页面顶部的工具条、标题或者搜索按钮等。

data – role = "content"定义页面的主体内容区域，比如文本、图片、表单等。

data – role = "footer"定义页面底部区域，如版权信息和工具条等。

### 任务描述

以 2022 年北京冬季奥运会为主题，使用 jQuery Mobile 框架创建冬奥会介绍页单页面网页，页面在移动设备模拟器 Opera Mobile Emulator 中运行，网页效果如图 9 – 5 所示。

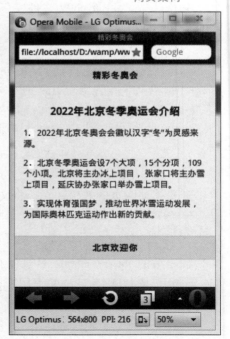

图 9 – 5　冬奥会介绍页效果

### 任务实施

**1. 创建单页结构的冬奥介绍页**

在 Web 站点目录 ch09 文件夹下创建 HTML5 网页 demo9 – 2. html，在 head 标签中引入 jQuery Mobile 框架，在 body 标签中插入 div 标签，为标签定义一个 data – role = " page" 属性，创建 jQuery Mobile 页面。代码如下：

```
< div data - role = "page" >
        < div data - role = "header" >
               < h1 >精彩冬奥会 </h1 >
        </div >
        < div data - role = "content" >
               < h3 style = "text - align:center;" >2022 年北京冬季奥运会介绍 </h3 >
               < p >1. 2022 年北京冬奥会会徽以汉字"冬"为灵感来源。 </p >
               < p >2. 北京冬季奥运会设 7 个大项,15 个分项,109 个小项。北京将主办冰上项目,
张家口将主办雪上项目,延庆协办张家口举办雪上项目。 </p >
                < p >3. 实现体育强国梦,推动世界冰雪运动发展,为国际奥林匹克运动作出新的贡
献。 </p >
        </div >
        < div data - role = "footer" >
               < h4 >北京欢迎你 </h4 >
        </div >
</div >
```

**2. 预览运行效果**

将 demo9 – 2. html 拖入 Opera Mobile Emulator 模拟器中，预览效果如图 9 – 5 所示。

### 任务解析

在网页中创建页面结构的方法是在 body 标签中插入一个 div 标签，为该标签定义属性 data – role = "page"，即可创建一个页面视图。再使用 data – role 属性定义移动设备的页面架构，data – role = "header"创建冬奥会页面的标题，data – role = "content"创建冬奥会页面的主体内容，data – role = "footer"创建冬奥会页面底部内容。

**素质课堂——理解工匠精神**

那么如何设计美观、优秀的页面呢？用户对网页的直观感受，决定了整个网页达到的效果。网页信息阅读的舒适感、颜色配色要在第一时间直接传递给用户，因此，网页设计的设计细节有三个方面：

■ 用户的阅读效率

■ 视觉舒适度

### ■ 网页的品质感

用户的阅读效率是衡量一个网页成功与否的重要指标。通过合理安排信息布局，确保信息的清晰度和易读性，不仅要追求美观，更要注重实用性和功能性。这种对细节的关注和对用户需求的深入理解，正是工匠精神的体现。

视觉舒适度同样重要。在设计过程中，需要选择适当的颜色、字体和排版方式，以确保用户浏览时的舒适感。这种对视觉美感的追求，不仅是对设计的尊重，更是对用户体验的重视。关注每一个细节，可以培养耐心和专注力，在设计中追求卓越。

网页的品质感则是对整个设计作品的综合评价。一个高品质的网页不仅要有良好的视觉效果，还要具备稳定的性能和流畅的用户体验。这要求不仅要注重表面的美观，更要关注背后的技术和性能优化。这种对品质和细节的追求，正是工匠精神的核心。

## 任务9.3　精彩冬奥会移动端页面制作

9.3.1　创建 jQuery Mobile 页面

在 jQuery Mobile 中是通过自定义属性 data 方式来实现基础布局和交互行为的，使用 HTML5 data－＊属性为移动设备创建更具触摸友好性和吸引性的外观。如果想了解更多的 data－＊属性，可参考 w3school 网 https：//www.w3school.com.cn/jquerymobile/jquerymobile_ref_data.asp。任务中使用 data－role 常用属性构建冬奥网站移动端页面。

### 任务活动1　创建介绍页和主题页

#### 知识链接

jQuery Mobile 网页以页面 page 为单位。单页结构表示一个网页只包含一个页面，多页结构是一个网页中包含多个 data－role 属性为"page"的页面，浏览器每次只会显示一页，如果有多个页面，需要在页面中添加超链接，从而实现多个页面的切换。data－role 用来定义布局结构，表9－1列出了一些常见的属性值。

表9－1　data－role 常见的属性值

| 属性值 | 说明 |
| --- | --- |
| page | 页面 |
| header | 头部 |
| content | 主体 |
| footer | 尾部 |

续表

| 属性值 | 说明 |
|---|---|
| listview | 列表视图 |
| navbar | 导航栏 |
| button | 按钮 |
| collapsible | 折叠块 |
| popup | 弹窗 |
| panel | 面板 |

**任务描述**

制作冬奥会介绍页和冬奥会开幕式三大主题页的多页面网页，单击"下一页"按钮和"上一页"按钮进行页面切换，网页效果如图 9-6 和图 9-7 所示。

图 9-6　冬奥会介绍页

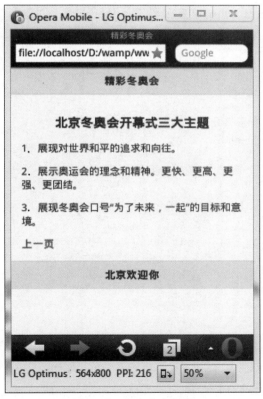

图 9-7　冬奥会主题页

任务实施

### 1. 创建冬奥会介绍页

在 Web 站点目录 ch09 文件夹下创建 HTML5 网页 demo9 – 3 – 1. html，在 head 标签中引入 jQuery Mobile 框架，在 body 标签中插入 div 标签，并为标签定义属性 data – role = "page" 和属性 id = "first"，创建第一个冬奥会介绍页面。HTML 代码如下：

```
<div data-role="page" id="first">
......
<a href="#second">下一页</a>
</div>
```

### 2. 创建冬奥会主题页

在网页 demo9 – 3 – 1. html 的 body 标签中再插入 1 个 div 标签，并为标签定义属性 data – role = "page" 和属性 id = "second"，创建第二个冬奥会主题页面。HTML 代码如下：

```
<div data-role="page" id="second">
    <div data-role="header">
        <h1>精彩冬奥会</h1>
    </div>
    <div data-role="content">
        <h3 style="text-align:center;">北京冬奥会开幕式三大主题</h3>
        <p>1. 展现对世界和平的追求和向往。</p>
        <p>2. 展示奥运会的理念和精神。更快、更高、更强、更团结。</p>
        <p>3. 展现冬奥会口号"为了未来,一起"的目标和意境。</p>
        <a href="#first">上一页</a>
    </div>
    <div data-role="footer">
        <h4>北京欢迎你</h4>
    </div>
</div>
```

任务解析

各个页面是通过 a 标签 href 属性的 "#" 号对应的 id 值相互切换的。在上述代码中，div 标签使用属性 data – role = "page" 和属性 id = "first" 定义一个页面，再插入超链接 a 标签，用于实现各个页面跳转功能。<a href = "#second">下一页</a>定义当单击这个超链接 a 标签时，页面将跳转至网页中定义 id = "second" 的冬奥会开幕式三大主题页面，即第二个页面。

在第一个页面代码下，继续创建第二个页面。再插入 1 个 div 标签 data – role 属性为 "page"，id 属性为 "second" 的页面，<a href = "#first">上一页</a>定义当单击超链接标签 a 时，页面将跳转至 id = "first" 的冬奥会介绍页，即第一个页面。

任务活动 2   链接介绍页

### 任务描述

创建多个网页文件，通过外部链接的方式，实现页面相互切换效果。单击"2022 年北京冬季奥运会介绍"标题，链接到外部冬奥会介绍页网页，网页效果如图 9-8 和图 9-9 所示。

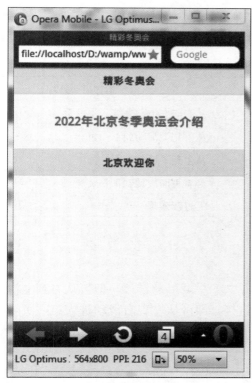

图 9-8   冬奥会介绍标题页

图 9-9   链接到冬奥会介绍页

### 任务实施

创建冬奥会介绍标题页：

在 Web 站点目录 ch09 文件夹下创建 HTML5 网页 demo9-3-2. html，在 head 标签中引入 jQuery Mobile 框架，在 body 中插入标签元素创建冬奥会介绍标题页。HTML 代码如下：

```
<h3 style = "text - align:center;">
    <a href = "demo9 -2.html" rel = "external" >2022 年北京冬季奥运会介绍</a>
</h3>
```

### 任务解析

h3 标题中包含超链接 a 标签，定义 a 标签的 rel 属性为"external"，表示 href 属性定义链接外部文件的地址。当单击 a 标签时，跳转至外部冬奥介绍页 demo9-2. html。

**任务活动 3** 介绍页和主题页添加过渡效果

**知识链接**

9.3.2  jQuery Mobile
页面过渡效果

jQuery Mobile 提供了 data－transition 属性来设置页面切换到下一个页面的过渡效果。基本语法如下：

```
<a href="#link" data-transition="过渡效果">切换下一页</a>
```

data－transition 属性可取的属性值见表 9－2。

表 9－2　data－transition 属性值

| 属性值 | 描述 | 属性值 | 描述 |
| --- | --- | --- | --- |
| fade | 默认，淡入淡出到下一页 | slidefade | 从右向左滑动并淡入下一页 |
| flip | 从后向前翻动到下一页 | slideup | 从下到上滑动到下一页 |
| flow | 抛出当前页面，引入下一页 | slidedown | 从上到下滑动到下一页 |
| pop | 像弹出窗口那样转到下一页 | turn | 沿着页面旋转到下一页 |
| slide | 从右向左滑动到下一页 | none | 无过渡效果 |

**任务描述**

为冬奥会介绍页和主题页添加过渡效果。单击"下一页"超链接，即可从右到左滑动进入第二页冬奥会主题页面；单击"上一页"超链接，即可从左到右滑动进入第一页冬奥会介绍页面。网页效果如图 9－10 所示。

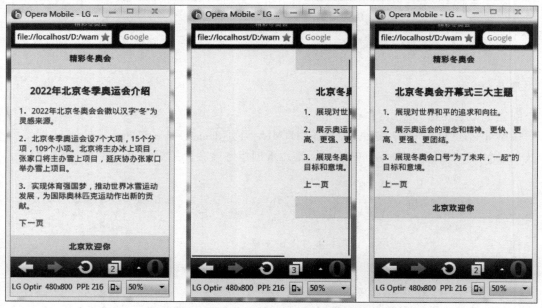

图 9－10　冬奥会介绍页和主题页切换过渡效果

## 任务实施

打开冬奥介绍页和主题页：

在 Web 站点目录 ch09 文件夹下打开网页 demo9 – 3 – 1. html，另存网页为 demo9 – 3 – 3. html，添加 data – transition 属性。主要代码如下：

```
< div data - role = "page" id = "first" >
        ......
    < h3 style = "text - align:center;" >2022 年北京冬季奥运会介绍 </h3 >
    ......
    < a href = "#second" data - transition = "slide" >下一页 </a >
    ......
    < div data - role = "page" id = "second" >
    ......
< a href = "#first" data - transition = "slide" data - direction = "reverse" >上一页
</ a >
    ......
```

## 任务解析

只需给 a 标签添加 data – transition 属性，即可完成各种页面切换过渡效果。设置属性 data – transition = "slide"，实现从右向左滑动到下一页的过渡效果；设置属性 data – transition = "slide"和属性 data – direction = "reverse"，实现从左向右反向滑动到下一页的过渡效果。

### 任务活动 4  创建赛事对话框页

## 知识链接

9. 3. 3  jQuery Mobile 对话框

jQuery Mobile 对话框是 jQuery Mobile 模态页面，也称模态对话框，它是一个带有圆角标题栏和关闭按钮的浮动层，以独占方式打开，背景被遮罩层覆盖，只有关闭模态页后才能执行其他操作。jQuery Mobile 通过在 data – role = "page"标签中添加属性 data – dialog = "true"即可创建模态对话框。示例代码：

```
< div data - role = "page" data - dialog = "true" >
```

## 任务描述

在冬奥会赛事文化页面中，单击"更多"链接，即可打开"会徽""吉祥物""火炬""奖牌"的对话框页面，单击"上一页"按钮返回到冬奥会赛事文化页面。网页效果如图 9 – 11 所示。

图 9 – 11　冬奥会赛事文化网页效果

## 任务实施

### 1. 创建冬奥会赛事文化页

在 Web 站点目录 ch09 文件夹下创建 HTML5 网页 demo9 – 3 – 4. html，在 body 标签中插入 div 标签，并为标签定义属性 data – role = "page"和属性 id = "first"，创建冬奥会赛事文化页。HTML 代码如下：

```
< div data - role = "page" id = "first" >
    ......
    < div data - role = "content" >
......
    < p >1. 会徽    < a href = "#second" >更多 </a > </p >
    < p >2. 吉祥物    < a href = "#third" >更多 </a > </p >
    < p >3. 火炬    < a href = "#fourth" >更多 </a > </p >
    < p >4. 奖牌    < a href = "#fifth" >更多 </a > </p >
    ......
</div >
```

### 2. 创建对话框会徽页

在网页 demo9 – 3 – 4. html 的 body 标签中继续插入 div 标签，并为标签定义属性 data – role = "page"、属性 id = "second"和属性 data – dialog = "true"，创建 jQuery Mobile 对话框会徽页面。HTML 代码如下：

```
< div data - role = "page" data - dialog = "true" id = "second" >
    < div data - role = "header" >
        < h1 >会徽 </h1 >
    </div >
    < div data - role = "content" >
```

```
    < img src = "images/1.jpg" style = "width:280px;height:200px;"/>
    < p >2022 北京冬奥会会徽以汉字"冬"为灵感来源,运用中国书法的艺术形态,将厚重的
东方文化底蕴与国际化的现代风格融为一体。 < /p >
    < a href = "#first" >上一页 < /a >
    < /div >
    < div data - role = "footer" >
        < h4 >北京欢迎你 < /h4 >
    < /div >
< /div >
```

在上述代码中，给含有 data - role 属性和 id 属性的 div 标签添加 data - dialog 属性，并设置 data - dialog = "true"，创建 jQuery Mobile 对话框页面。接着在对话框页面中添加超链接 a 标签，用于返回"上一页"，href = "#first"链接到 id 为"first"页面。

**3. 创建 jQuery Mobile 对话框吉祥物、火炬、奖牌页面**

向网页 demo9 - 3 - 4. html 的 body 标签中继续插入 div 标签，并定义标签属性 data - role = "page"和属性 data - dialog = "true"，创建 3 个 jQuery Mobile 对话框页面。

**任务活动 5　创建赛事图标按钮页**

**知识链接**

jQuery Mobile 提供了一套丰富的按钮样式和按钮图标。

9.3.4　jQuery Mobile 按钮的使用

**1. 创建按钮方法**

使用 data - role = "button"属性创建链接按钮，示例代码如下。

```
< a href = "#" data - role = "button" >链接按钮 < /a >
```

**2. 创建行内按钮**

默认情况下，使用属性 data - role = "button"创建链接按钮，按钮占满整个屏幕宽度。如果想要并排显示两个或多个按钮，需要添加 data - inline = "true"。示例代码如下，效果如图 9 - 12 所示。

图 9 - 12　行内按钮

```
< a href = "#" data - role = "button" data - inline = "true" >行内按钮 1 < /a >
< a href = "#" data - role = "button" data - inline = "true" >行内按钮 2 < /a >
```

**3. 创建组合按钮**

当一行有多个按钮时，有时需要将这些按钮组合起来，jQuery Mobile 提供了一个简单的

方法，使用 data – role = "controlgroup"属性创建组合按钮。示例代码如下，效果如图 9 – 13 所示。

```
< div data - role = "controlgroup" >
  < a href = "#" data - role = "button" >首页 </a >
  < a href = "#" data - role = "button" >项目 </a >
  < a href = "#" data - role = "button" >奖牌榜 </a >
</div >
```

按钮组标签使用 data – type = "horizontal | vertical"属性实现水平和垂直地组合按钮，默认为垂直排列 vertical。示例代码如下，效果如图 9 – 14 所示。

```
< div data - role = "controlgroup" data - type = "horizontal" >
      <p >水平排列的按钮组： </p >
  < a href = "#" data - role = "button" >首页 </a >
  < a href = "#" data - role = "button" >项目 </a >
  < a href = "#" data - role = "button" >奖牌榜 </a >
</div >
```

图 9 – 13　　组合按钮

图 9 – 14　　水平排列按钮组

按钮的常用属性见表 9 – 3。

表 9 – 3　按钮的常用属性

| 属性名 | 属性值 | 描述 |
|---|---|---|
| data – corners | true \| false | 设置按钮是否有圆角 |
| data – icon | IconsReference | 设置按钮的图标，默认没有图标 |
| data – iconpos | left \| right \| top \| bottom \| notext | 设置图标的位置 |
| data – mini | true \| false | 设置是否是小型按钮 |
| data – shadow | true \| false | 设置按钮是否有阴影 |
| data – theme | a \| b | 设置按钮的主题颜色 |

**4. 创建按钮图标**

jQuery Mobile 还提供了丰富多彩的按钮图标，用户只需要在按钮上添加 data – icon 属性即可。data – icon 常用属性值见表 9 – 4，更多的属性值登录 www. w3school. com. cn 网站查看。

表 9 - 4   data - icon 常用属性值

| 属性值 | 描述 | 图标 |
|---|---|---|
| data - icon = "arrow - u" | 上箭头 | arrow-u |
| data - icon = "arrow - r" | 右箭头 | arrow-r |
| data - icon = "delete" | 删除 | delete |
| data - icon = "info" | 信息 | info |
| data - icon = "home" | 首页 | home |
| data - icon = "back" | 返回 | back |
| data - icon = "search" | 搜索 | search |
| data - icon = "alert" | 警告 | alert |

**任务描述**

为冬奥会赛事内容的页面设置带图标的按钮。网页效果如图 9 - 15 所示。

**任务实施**

在 Web 站点目录 ch09 文件夹下创建冬奥赛事内容页 demo9 - 3 - 5. html,在网页中创建"首页""搜索""语言"链接按钮并设置图标。HTML 代码如下:

```
< div data - role = "page" >
< div data - role = "header" >
    < a href = "#" data - role = "button" data -
icon = "home" >首页 </a >
    < h1 >赛事 </h1 >
    < a href = "#" data - role = "button" data -
icon = "search" >搜索 </a >
</div >
```

图 9 - 15   首页和搜索图标网页效果

261

```
<div data - role = "content" class = "content" >
        <p > <a href = "#" >速度滑冰 </a > </p >
        ......
</div >
<div data - role = "footer" >
        < a href = "#" data - role = "button" data - icon = "gear" class = "ui - btn -
right" >语言 </a >
        <h1 >北京冬奥会 </h1 >
</div >
</div >
```

**任务解析**

在上述代码中，通过链接按钮 a 的属性 data - icon = "home"来设置首页图标，data - icon = "search"设置搜索图标，data - icon = "gear"设置语言图标；定义类 class = "ui - btn - right"设置链接按钮出现在页面的右侧。

### 素质课堂——培养用户导向的价值观

在交互设计中，确保产品功能好用、易用，以用户为中心，站在用户的角度考虑问题尤为重要。很多设计师依靠直觉来设计，觉得用户会以某种方式浏览并操作界面。但实际上，用户的使用场景很复杂，如果仅凭感觉或者经验来设计，可能会带来糟糕的体验。在界面设计中，不可能将每个元素都向用户解释说明，这就需要在设计过程中通过观察用户行为、调研使用心理、分析用户场景等方法，站在用户的角度考虑问题。利用不同颜色的图标表示收藏、转发、评论等不同的操作，用户能更直观、快速地分辨和使用。

以用户为中心的设计理念体现了尊重用户、服务用户的价值观。用户导向的价值观强调设计师在设计过程中始终以用户的需求和体验为中心，不断优化产品功能，提升易用性，以满足用户的期望和需求。

**任务活动 6　制作导航栏首页**

**知识链接**

jQuery Mobile 导航栏是由一组水平排列的链接组成的，通常用于页

9.3.5　jQuery Mobile
图标和导航栏

眉和页脚中，使用 data – role = "navbar"属性来定义导航栏，默认情况下，导航栏中的链接标签将自动变成按钮（不需要设置 data – role = "button"）。示例代码如下，效果如图 9 – 16 所示。

图 9 – 16  导航栏效果

```
< div data – role = "navbar" >
    < ul >
      < li > < a href = "#" >首页 </a > </li >
        < li > < a href = "#" >赛事 </a > </li >
        < li > < a href = "#" >奖牌榜 </a > </li >
        < li > < a href = "#" >关于我们 </a > </li >
    </ul >
  </div >
```

**任务描述**

制作导航栏含有按钮图标的冬奥会首页。网页效果如图 9 – 17 所示。

**任务实施**

创建导航栏：

在 Web 站点目录 ch09 文件夹下创建冬奥会首页 demo9 – 3 – 6. html，网页中定义页眉和页脚图标按钮的导航栏。HTML 代码如下：

图 9 – 17  冬奥会首页页面效果

```
< div data – role = "page" >
      < div data – role = "header" >
          < h1 >北京冬奥会 </h1 >
              < div data – role = "navbar" data –
iconpos = "left" >
                  < ul >
                      < li > < a href = "#" data
- icon = "home" >首页 </a > </li >
                      < li > < a href = "#" data
- icon = "camera" >赛事 </a > </li >
                      < li > < a href = "#" data
- icon = "bullets" >奖牌榜 </a > </li >
                      < li > < a href = "#" data
- icon = "heart" >志愿者 </a > </li >
                      < li > < a href = "#" data
- icon = "tag" >教育 </a > </li >
                      < li > < a href = "#" data
- icon = "grid" >全部 </a > </li >
```

```
                </ul>
            </div>
            <img src = "images/6.jpg" width = "400px" height = "280px"/>
        </div>
    <div data - role = "footer">
        <div data - role = "navbar">
            <ul>
                <li><a href = "#" data - icon = "navigation">网站地图</a>
</li>
                <li><a href = "#" data - icon = "phone">联系我们</a></li>
              <li><a href = "#" data - icon = "info">关于我们</a></li>
            </ul>
        </div>
    </div>
</div>
```

（任务解析）

在上述代码中，在属性 data - role = "header" 的 div 标签中插入属性 data - role = "navbar" 的 div 标签来创建页眉导航栏。使用属性 data - iconpos = "left" 设置图标位于按钮左侧，导航栏内的 6 个 li 标签自动变为按钮，使用属性 data - icon 设置 6 个按钮的图标样式。

在属性 data - role = "footer" 的 div 标签中插入属性 data - role = "navbar" 的 div 标签来创建页脚导航栏，页脚导航栏含有 3 个 li 标签来定义属性 data - icon 创建的"网站地图""联系我们"和"关于我们"3 个图标按钮。

任务活动 7　创建网格化栏目页

（知识链接）

jQuery Mobile 采用的网格化布局，主要是通过 CSS 定义来实现的，其设置分为两部分，包括列的数目和内容块所在列的次序类名。可使用的布局网格有 4 种，见表 9 - 5。

9.3.6　jQuery Mobile
网格化布局和面板

表 9 - 5　4 种网格化布局

| 列布局类名 | 列数 | 每列宽度/% | 每列对应类名 |
| --- | --- | --- | --- |
| ui - grid - a | 2 | 50 | ui - block - a \| b |
| ui - grid - b | 3 | 33 | ui - block - a \| b \| c |
| ui - grid - c | 4 | 25 | ui - block - a \| b \| c \| d |
| ui - grid - d | 5 | 20 | ui - block - a \| b \| c \| d \| e |

图 9-18　网格化布局

## 任务描述

使用 jQuery Mobile 网格化布局制作冬奥会栏目页，使页面内容版块分成"首页""项目""奖牌榜"和"志愿者"4 列，网页效果如图 9-18 所示。

## 任务实施

在 Web 站点目录 ch09 文件夹下创建 HTML5 网页 demo9-3-7.html，在网页中设置页面网格化为 4 列。HTML 代码如下：

```
< div class = "ui - grid - c" >
    < div class = "ui - block - a" > < p >首页
</p > </div >
    < div class = "ui - block - b" > < p >项目
</p > </div >
    < div class = "ui - block - c" > < p >奖牌榜
</p > </div >
    < div class = "ui - block - d" > < p >志愿者
</p > </div >
</div >
```

## 任务解析

在上述代码中，使用类 class = "ui - grid - c"的 div 标签把包含内容分为 4 列。该 div 标签包含 4 个 div，定义每个 div 的 class 类名，其中，类 class = "ui - block - a"是第 1 列类名、类 class = "ui - block - b"是第 2 列类名、类 class = "ui - block - c"是第 3 列类名、类 class = "ui - block - d"是第 4 列类名，每列的类名按次序定义。这样页面就分成了"首页""项目""奖牌榜"和"志愿者"4 列。

### 任务活动 8　创建金牌榜滑动面板页

## 知识链接

### 1. 面板的创建方法

在 jQuery Mobile 中添加面板，通过添加 data - role = "panel"属性创建面板，面板会在屏幕上从左到右滑出。代码如下：

（1）通过 div 标签定义面板内容，并定义 id 属性。

```
< div  data - role = "panel"  id = "myPanel" >
```

（2）要访问面板，需要创建一个指向面板的 < div > 的链接，单击该链接即可打开面板。

```
< a  href = "#myPanel"  class = "ui - btn ui - btn - inline" >打开面板 </a >
```

### 2. 面板的展示方式

面板的展示方式使用属性 data – display 设置，有 3 种展示方式，见表 9 – 6。

表 9 – 6　data – display 属性

| 属性值 | 描述 |
|---|---|
| data – display = "overlay" | 在内容上显示面板 |
| data – display = "push" | 同时"推动"面板和页面 |
| data – display = "reveal" | 默认值，页面像幻灯片一样从屏幕划出，将面板显示出来 |

### 3. 面板定位属性

默认情况下，面板会显示在屏幕的左侧。如果想让面板出现在屏幕的右侧，可以指定 data – position = "right"属性。示例代码为：

```
< div data - role = "panel" id = "myPanel" data - position = "right" >
```

默认情况下，面板是随着页面一起滚动的，如果需要实现面板内容固定，不随页面滚动而滚动，可以在面板中添加 data – position – fixed = "true"属性。示例代码如下：

```
< div  data - role = "panel" id = "myPanel" data - position - fixed = "true" >
```

### 任务描述

创建 2 个 jQuery Mobile 面板页面，单击页面上的"赛事"按钮，"赛事"面板出现在屏幕右侧，并且面板遮盖页面。单击页面上的"栏目"按钮，"栏目"面板内容固定，不随页面滚动而滚动。网页预览效果如图 9 – 19 所示。

### 任务实施

创建面板：

在 Web 站点目录 ch09 文件夹下创建 HTML5 网页 demo9 – 3 – 8. html，在网页中插入包含属性 data – role = "panel"的 2 个 div 标签，用于创建面板。HTML 代码如下：

```
< div data - role = "page" id = "pageone" >
      < div data - role = "panel" id = "myPanelDefault" data - position = "right" data -
display = "overlay" >
         <!-- 赛事页面,请看任务活动 5 代码 -->
                  .......
         < a href = "#pageone" data - rel = "close" class = "ui - btn ui - btn - inline" >关
闭 </a >
     </div >
```

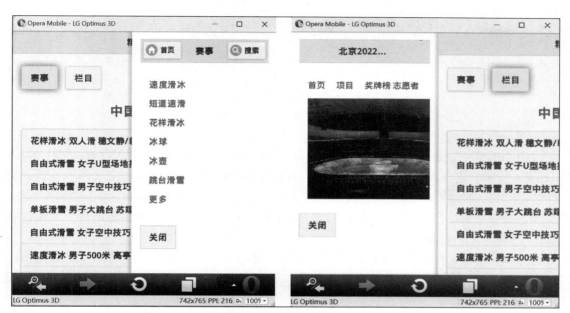

图 9 - 19　网页预览效果

```
< div data - role = "panel" id = "myPanelFixed" data - position - fixed = "true" >
        <!--栏目页面,请看任务活动 7 代码 -->
                .......
    < a href = "#pageone" data - rel = "close" class = "ui - btn ui - btn - inline " >关闭
</a >
    </div >
    < div data - role = "header" >
        <h1 >精彩冬奥 </h1 >
    </div >
    < div data - role = "content" >
        < a href = "#myPanelDefault" class = "ui - btn ui - btn - inline ui - corner -
all ui - shadow" >赛事 </a >
        < a href = "#myPanelFixed" class = "ui - btn ui - btn - inline ui - corner - all
ui - shadow" >栏目 </a >
        <h2 >中国金牌榜 </h2 >
        < ul style = "min - width:210px;" data - role = "listview" data - inset = "
true" >
            < li > < a href = "#" >花样滑冰 双人滑 穗文静/韩聪 </a > </li >
            < li > < a href = "#" >自由式滑雪 女子 U 形场地技巧 谷爱凌 </a > </li >
                ......
        </ul >
```

```
    </div>
  <div data-role="footer">
        <h1>页面底部</h1>
    </div>
</div>
```

**任务解析**

在上述代码中，通过 div 标签定义属性 data-role = "pane"创建赛事和栏目面板，属性 data-position = "right"定义面板出现在页面右侧，属性 data-display = "overlay"定义面板出现在页面内容上。在面板的 div 标签内，使用属性 href = "#pageone"和属性 data-rel = "close"定义"关闭"按钮 a 标签。栏目面板属性 data-position-fixed = "true"创建固定面板，面板内容固定不随页面滚动而滚动。

在 data-role = "content"页面内容区域使用 a 标签定义 2 个按钮，定义 href 属性值指向"赛事"面板和"栏目"面板的 id 值，单击按钮即可打开定义的面板，如 href = "#myPanelDefault"打开赛事面板，href = "#myPanelFixed"打开栏目面板。

**任务活动 9　创建新闻速递折叠页**

**知识链接**

9.3.7　jQuery Mobile
折叠块的高级设置

**1. 可折叠块的创建方法**

创建可折叠的内容块，只需给容器添加属性 data-role = "collapsible"，然后在容器中添加一个标题元素（<h1> ~ <h6>），其后是折叠的内容。示例代码如下，效果如图 9-20 所示。

```
<div  data-role="collapsible">
    <h1>单击我 - 我可以折叠！</h1>
    <p>我是可折叠的内容。</p>
</div>
```

图 9-20　折叠块效果

折叠块的内容默认是被折叠起来的，如需在页面加载时展开内容，容器设置属性 data-collapsed = "false"。示例代码为：

```
<div  data-role="collapsible" data-collapsed="false">
```

```
    <h1>单击我 - 我可以折叠！</h1>
    <p>I'm 现在我默认是展开的。</p>
</div>
```

**2. 折叠块高级设置**

（1）如果将 data - mini 的属性值设置为 true，则折叠区域中的标题以压缩尺寸显示。属性 data - mini 默认值为 false，则折叠区域中的标题以标准尺寸显示。示例代码为：

```
<div data - role = "collapsible" data - mini = "true">
```

（2）data - iconpos 属性用于设置折叠块标题的图标位置。data - iconpos 属性值取值有 4 个，分别为 left、right、top、bottom。默认情况下，data - iconpos 属性值为 left，表示图标位于左侧。

（3）data - theme 设置折叠内容块的主题风格，取值为 a ~ c。

（4）data - content - theme 设置折叠内容块内部区域的主题风格，取值为 a ~ c。

## 任务描述

创建新闻速递和精彩瞬间的 2 个可折叠块页面，设置可折叠块的界面样式、内容块样式和标题的图标位置等属性，页面效果如图 9 - 21 所示。

图 9 - 21　新闻速递和精彩瞬间页面效果

**任务实施**

创建可折叠块：

在 Web 站点目录 ch09 文件夹下创建 HTML5 网页 demo9 – 3 – 9. html，在 body 标签中插入 2 个 div 标签，定义标签 data – role 属性为 "collapsible"，用于创建折叠块。HTML 代码如下：

```
< div data - role = "page" >
  < div data - role = "header" >
    < h1 >北京 2022 年冬奥会 </h1 >
  </div >
  < div data - role = "content" class = "content" >
    < div data - role = "collapsible" data - collapsed = "false" data - theme = "b"   >
      < h2 >新闻速递 </h2 >
      < p >北京冬奥会遗产宣传片:《一切刚刚开始》</p >
      < p >再续冬奥缘！张家口崇礼奥林匹克公园开园,游客打卡"雪如意"</p >
    </div >
    < div data - role = "collapsible" data - iconpos = "right" data - mini = "true"
      data - content - theme = "c" >
      < h2 >精彩瞬间 </h2 >
      < p >"冰立方"智慧观赛技术日昂冰壶赛道"立"起来 </p >
      < p >留存冬奥瞬间用镜头讲好中国奥运故事 </p >
    </div >
  </div >
</div >
```

**任务解析**

在上述代码中，通过属性 data – role = "collapsible"的 div 标签创建一个可折叠的内容块，属性 data – collapsed = "false"表示页面加载时折叠块展开内容，属性 data – theme = "b"表示折叠块主题风格为 b；接着通过属性 data – role = "collapsible"的 div 标签创建第 2 个可折叠块，属性 data – icon-pos = "right"表示图标出现在可折叠块右侧，属性 data – mini = "true"表示可折叠区域中的标题以小尺寸显示，属性 data – content – theme = "c"表示可折叠内容块内部区域的主题风格为 c。

**任务描述**

创建 3 层嵌套可折叠块来介绍华为智能商品，设置外层嵌套可折叠块和内部可折叠块不同的主题风格，定义各层可折叠块内容区域的显示风格不同，网页效果如图 9 – 22 所示。

图 9 – 22　华为智能商品展示

### 任务实施

创建嵌套可折叠块：

在 Web 站点目录 ch09 文件夹下创建 HTML5 网页 demo9 – 3 – 10，在 body 标签中插入 3 个 div 标签创建嵌套可折叠块。HTML 代码如下：

```
< div data - role = "collapsible" data - theme = "b" >
        <h1 >华为智能商品 </h1 >
        <p >手机及配件 </p >
        <p >智能穿戴 </p >
        < div data - role = "collapsible" data - content - theme = "c" >
                <h2 >生态产品 </h2 >
                <p >医疗保健 </p >
                <p >户外出行 </p >
                < div data - role = "collapsible" data - content - theme = "c" >
                        <h1 >智能家电 </h1 >
                        <p >扫地机器人 </p >
                        <p >智能门锁 </p >
                </div >
        </div >
</div >
```

### 任务解析

在上述代码中，通过属性 data – role = "collapsible"和属性 data – theme = "b"的 div 标签创建最外层折叠块；第 1 层可折叠块包含属性 data – role = "collapsible"、data – content – theme = "c"的 div 标签创建的标题为"生态产品"的第 2 层可折叠块；第 2 层可折叠块包含属性 data – role = "collapsible" 的 div 标签创建的标题为"智能家电"的第 3 层可折叠块。

### 任务活动 10　创建项目场馆列表视图页

### 知识链接

9. 3. 8　jQuery Mobile 列表的使用

**1. 创建列表视图**

jQuery Mobile 中的列表视图是标准的 HTML 列表，要创建列表视图，只需向 ol 或 ul 元素添加 data – role = "listview"属性即可，网页效果如图 9 – 23 所示。在 ol 标签中添加 data – role = "listview"属性，列表项会自动转换成按钮。示例代码如下：

```
< ol data - role = "listview" >
```

**有序列表：**

| | |
|---|---|
| 1. 列表项 | ❯ |
| 2. 列表项 | ❯ |
| 3. 列表项 | ❯ |

图 9 – 23　列表视图

```
    <li><a href="#">列表项</a></li>
</ol>
```

**2. 列表视图的常用属性**

带有 data – role = "listview"属性的 ol 或 ul 列表视图常用属性见表 9 – 7。

表 9 – 7   列表视图常用属性

| 属性 | 值 | 描述 |
|---|---|---|
| data – autodividers | true \| false | 规定是否自动分隔列表项。默认情况下，创建的分隔文本是列表项文本的第一个大写字母 |
| data – filter | true \| false | 规定是否在列表中添加搜索框 |
| data – filter – placeholder | 搜索框文字提示 | 规定搜索框中的文本 |
| data – inset | true \| false | 规定是否为列表添加圆角和外边距样式 |

**3. 列表项分割**

如果列表项比较多，用户可以使用列表分割项对列表进行分组操作，使列表看起来更整齐。通过在列表项 li 元素中添加 data – role = "list – divider"属性，即可指定列表分割。

（任务描述）

使用分类列表视图制作冬奥项目场馆页面，网页效果如图 9 – 24 所示。

（任务实施）

创建分类列表：

在 Web 站点目录 ch09 文件夹下创建冬奥项目场馆网页 demo9 – 3 – 11. html，在网页中插入 ul 标签设置属性 data – role = "listview"，用于创建列表容器。HTML 代码如下：

图 9 – 24   项目场馆页面效果

```
<div data-role="content" class="content">
<ul data-role="listview">
    <li data-role="list-divider">项目介绍</li>
    <li><a href="#">速度滑冰</a></li>
    <li><a href="#">花样滑冰</a></li>
```

```
        <li data - role = "list - divider" >精彩时刻 </li>
        <li > <a href = "#" >北京颁奖广场表演团队——用世界语言彰显中国风采 </a> </li>
        <li > <a href = "#" >冰雪与蓝色撞个满怀！云顶场馆群形象设计充溢"中国式浪漫" </a>
</li>
        <li data - role = "list - divider" >比赛场地 </li>
                <li > <a href = "#" >国家体育馆 </a> </li>
        <li > <a href = "#" >国家速滑馆 </a> </li>
    </ul>
  </div>
```

## 任务解析

在上述代码中，ul 标签通过属性 data – role = "listview"创建列表容器，再通过在列表项 <li >元素中添加 data – role = "list – divider"属性，指定"项目介绍""精彩时刻""比赛场地" 3 个列表分割项对列表进行分组操作。

## 知识链接

### 1. 列表缩略图

列表前面添加的图片也叫缩略图，通过在列表项链接元素 a 中添加 img 标签，jQuery Mobile 会将图片自动缩放成边长为 80 像素的缩略图。示例代码为：

```
<ul data - role = "listview" >
    <li data - role = "list - divider" >项目介绍 </li>
    <li > <a href = "#" > <img src = "images/7. jpg"/>速度滑冰 </a> </li>
    <li > <a href = "#" > <img src = "images/8. jpg"/>花样滑冰 </a> </li>
......
  </ul>
```

### 2. 图标列表

创建图标列表和创建列表缩略图类似，不同的是，需要给 img 标签添加 class = "ui – li – icon"属性，图片会自动变成边长为 16 像素的小图标。示例代码为：

```
<ul data - role = "listview" >
    <li data - role = "list - divider" >比赛场地 </li>
    <li > <a href = "#" > <img src = "images/10. jpg"
            class = "ui - li - icon"/>国家体育馆 </a> </li>
    <li > <a href = "#" > <img src = "images/9. jpg"
            class = "ui - li - icon"/>国家速滑馆 </a> </li>
  </ul>
```

**3. 气泡提示**

使用类名 class = "ui – li – count"来实现列表项的计数气泡效果，通常用于邮箱、短信等设计中。示例代码如下：

```
<ul data - role = "listview">
    <li data - role = "list - divider">项目介绍</li>
    <li><a href = "#"><img src = "images/7. jpg"/>速度滑冰
        <span class = "ui - li - count">108</span></a></li>
    <li><a href = "#"><img src = "images/8. jpg"/>花样滑冰
        <span class = "ui - li - count">88</span></a></li>  ......
</ul>
```

**任务描述**

使用列表缩略图和图标列表，并给列表项添加气泡数字提示美化项目场馆页面，网页效果如图 9 – 25 所示。

**任务实施**

创建列表缩略图和图标列表：

在 Web 站点目录 ch09 文件夹下创建 HTML5 网页 demo9 – 3 – 12. html，网页的 ul 列表容器标签内的 li 列表项使用 img 标签来创建列表缩略图和图标列表。HTML 代码如下：

```
<div data - role = "page" id = "first">
    <div data - role = "header">
        <h1>2022 年冬奥会</h1>
    </div>
    <div data - role = "content" class = "content">
        <ul data - role = "listview">
            <li data - role = "list - divider">项目介绍</li>
            <li><a href = "#"><img src = "images/7. jpg"/>速度滑冰<span
                class = "ui - li - count">108</span></a></li>
            <li><a href = "#"><img src = "images/8. jpg"/>花样滑冰<span 11
                class = "ui - li - count">88</span></a></li>
            <li data - role = "list - divider">精彩时刻</li>
```

图 9 – 25　美化项目场馆
网页效果

```
                <li > < a href = "#" > < img src = "images/11.jpg"/>北京颁奖广场表演团
队——14    用世界语言彰显中国风采 < span class = "ui - li - count" >66 < /span > < /a > < /li >
                <li > < a href = "#" > < img src = "images/12.jpg"/>冰雪与蓝色撞个满怀!
云顶场16    馆群形象设计充溢"中国式浪漫" < span class = "ui - li - count" >88 < /span > < /a >
< /li >
                <li data - role = "list - divider">比赛场地 < /li >
                <li > < a href = "#" > < img src = "images/10.jpg" class = "ui - li -
icon"/>国家体19    育馆 < span class = "ui - li - count" >77 < /span > < /a > < /li >
                <li > < a href = "#" > < img src = "images/9.jpg" class = "ui - li -
icon"/>国家速滑馆21    < span class = "ui - li - count" >66 < /span > < /a > < /li >
        < /ul >
    < /div >
        < div data - role = "footer" >
            <h1 >北京欢迎你 < /h1 >
        < /div >
    < /div >
```

**任务解析**

在上述代码中，ul 标签通过属性 data - role = "listview"创建列表容器，然后在列表项 li 链接 a 元素中添加 img 标签创建列表缩略图，span 标签通过 class = "ui - li - count"实现列表项的计数气泡效果。其中在列表项 li 链接 a 元素中添加 img 标签定义类 class = "ui - li - icon"，图片会自动变成边长为 16 像素的小图标显示。

## 任务 9.4　精彩冬奥会表单页

jQuery Mobile 使用 CSS 为 HTML 表单元素添加样式，让它们更具吸引力，更易于使用。jQuery Mobile 提供了文本输入框、搜索输入框、单选按钮、复选框、选择菜单、滑动条表单控件等。本任务使用 jQuery Mobile 表单控件制作冬奥页面。

### 任务活动 1　创建用户注册页面

**知识链接**

通过属性 data - role = "fieldcontain"的 div 或 fieldset 标签将表单元素封装起来设置成一个域容器，域容器内的表单控件会根据浏览器窗口的宽度自适应。

9.4.1　创建 jQuery Mobile 表单

**任务描述**

使用 jQuery Mobile 表单域容器制作用户注册页面，当页面宽度大于 480 px 时，< label > 与表单控件在同一行；当页面宽度小于 480 px 时，< label > 位于表单控件上方。网页效果如图 9 – 26 所示。

图 9 –26　用户注册页

(任务实施)

创建 jQuery Mobile 表单：

在 Web 站点目录 ch09 文件夹下创建网页 demo9 – 4 – 1.html，网页插入 div 标签创建 jQuery Mobile 表单，将 div 标签属性 data – role = "fieldcontain"设置成一个域容器将表单元素封装起来。HTML 代码如下：

```
< div data - role = "fieldcontain" >
    < label for = "lname" > 用户名: </label >
    < input type = "text" name = "lname" id = "lname" placeholder = "请输入用户名" >
    < label for = "fname" >密码: </label >
    < input type = "password" name = "fname" id = "fname" placeholder = "请输入密码" >
    < label for = "fname" >确认密码: </label >
    < input type = "password" name = "fname" id = "fname" placeholder = "请再次输入密码" >
</div >
```

(任务解析)

在上述代码中，在表单标签 form 中插入 div 标签，设置 div 标签属性 data – role = "field-contain"，表示将 div 标签设置成一个域容器，div 域容器包含的表单控件将会根据浏览器窗口的宽度自适应。当页面宽度大于 480 px 时，它会自动将 label 与表单控件放置于同一行；当页面宽度小于 480 px 时，label 会被放置于表单控件之上。

**素质课堂——鼓励创新实践**

　　在 jQuery Mobile 页面元素制作过程中，需要不断尝试新的设计思路和技术实现，从而不断激发创新思维。例如，在设计页面布局时，需要思考如何使页面更加美观、易用，这往往需要跳出传统的框架，尝试新的排版方式和交互效果。通过 jQuery Mobile 页面元素制作实践，制作各种具有实际功能的页面元素，如导航栏、选项卡、表单等，来展现自己的创新想法。在这个过程中，需要不断探索新的实现方式，优化页面效果，从而不断提升自己的创造力，为实现更复杂的创新设计奠定基础。

发展新质生产力是推动高质量发展的内在要求和重要着力点，必须继续做好创新这篇大文章，推动新质生产力加快发展。
2024年1月31日　习近平
在中共中央政治局第十一次集体学习时说

**任务活动 2　制作用户登记页**

**知识链接**

　　jQuery Mobile 对单选按钮、复选框、选择菜单定义了特殊的样式，通常用 < fieldset > 元素做容器，设置 data – role = "controlgroup" 属性，将单选按钮、复选框、选择菜单控件装在这个容器中。

9.4.2　单选按钮、复选框和选择菜单的使用

**任务描述**

　　使用 jQuery Mobile 单选按钮控件、复选框控件和选择菜单控件制作用户登记页面。网页效果如图 9 – 27 所示。

图 9 – 27　用户登记页

（任务实施）

创建 jQuery Mobile 单选按钮和复选框页面：

在 Web 站点目录 ch09 文件夹下创建 HTML5 网页 demo9 - 4 - 2. html，在网页中插入 div 元素，设置属性 data - role = "fieldcontain"来创建域容器，容器内定义组合按钮和选择菜单。HTML 代码如下：

```
< form method = "post" action = "demoform. asp" >
        < div data - role = "fieldcontain" >
        < label for = "subject" >请选择您的感兴趣赛事: </label >
        < select name = "subject" id = "subject" data - native - menu = "false" multi-
ple = "multiple" >
                < option value = "jQuery" selected = "selected" >速度滑冰 </option >
                 ......
        </select >
        < fieldset data - role = "controlgroup" data - type = "horizontal" >
                < legend >请您选择需要的物品: </legend >
                 < input type = "radio" name = "radio1" id = "radio1_0" value = "1"
checked = "checked" />
                < label for = "radio1_0" >宣传册 </label >
                 ......
        </fieldset >
        < fieldset data - role = "controlgroup" >
                < legend >请您选择订阅的栏目: </legend >
        < label for = "checkbox_one" >C 位看冬奥 </label >
                 < input type = "checkbox" name = "season" id = "checkbox_one" value
= "one" checked = "checked" >
                 ......
        </fieldset >
        < input type = "submit" data - inline = "true" value = "提交" >
        </div >
    </form >
```

（任务解析）

在上述代码中，通过属性 data - role = "fieldcontain"的 div 标签定义下拉列表域容器，在列表域容器中使用 select 和 option 标签定义下拉列表，使用 select 标签属性 data - native - menu = "false"定义下拉列表在 PC 浏览器、Android 浏览器、iOS 浏览器显示的效果均不同，使用属性 multiple = "multiple"定义的列表项可以多选。

使用 data - role = "controlgroup"属性来组合 fieldset 标签内 "宣传册" "冰墩墩" "赛事单" 3 个单选按钮元素，属性 data - type = "horizontal"定义组合按钮水平排列成一行。单击"提交" 按钮时，表单 form 将填写的数据发送到服务器文件 demoform. asp 中。

**任务活动 3** 创建 C 位看冬奥会进度页面

## 知识链接

9.4.3 范围滑块和切换开关的使用

**1. 范围滑块**

使用 < input type = "range" > 创建范围滑块。

属性 data – show – value = "true"：定义在按钮中显示进度的值。

属性 data – highlight = "true"：定义突出显示截止到滑块这段轨道。

属性 data – popup – enabled = "true"：定义在滑动按钮上显示进度（类似于一个小弹窗）。

**2. 切换开关**

jQuery Mobile 使用 < select > 元素通过 data – role = "slider"属性和 2 个 < option > 子元素来创建切换开关，网页效果如图 9 – 28 所示。示例代码为：

图 9 – 28 切换开关按钮

```
< select name = "switch" id = "switch" data - role = "slider" >
    < option value = "on" >On < /option >
    < option value = "off" selected >Off < /option >
< /select >
```

## 任务描述

使用 jQuery Mobile 范围滑块控件制作 C 位看冬奥会进度页面，网页效果如图 9 – 29 所示。

## 任务实施

创建范围滑块：

在 Web 站点目录 ch09 文件夹下创建 HTML5 网页 demo9 – 4 – 3. html，网页插入标签 < input >，定义属性 type = "range"创建范围滑块。HTML 代码如下：

```
< label for = "points" >C 位看冬奥会观看进度: < /la-
bel >
< input type = " range" name = " points" id = "
points" value = "50" min = "0" max = "100"data - show -
value = "true"data - highlight = "true"data - popup -
enabled = "true" >
```

## 任务解析

在上述代码中，通过 type = "range"的 input 标签定

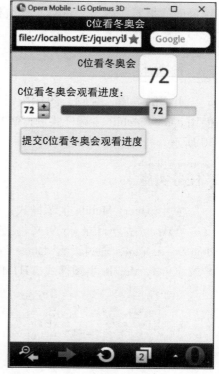

图 9 – 29 C 位看冬奥会观看进度页

义范围滑块，value = "71"定义滑块初始值为 71；min = "0"、max = "100"定义滑块最小值为 0、最大值为 100；属性 data – show – value = "true"定义在按钮中显示进度的值；属性 data – highlight = "true"定义滑块轨道突出显示；属性 data – popup – enabled = "true"定义单击滑块按钮时出现一个小弹窗显示进度值。

## 任务 9.5　精彩冬奥会介绍页添加主题样式

9.5　jQuery Mobile 主题应用

### 知识链接

在 jQuery Mobile 1.4.5 版本中，有 3 种页面样式主题，每种主题带有不同颜色的按钮、导航、内容块。示例代码为：

```
< div data - role = "page"　data - theme = "a |b |c" >
```

data – theme = "a"：默认主题，页眉和页脚的背景色为灰色，内容的背景色为白色，文字的颜色为黑色。

data – theme = "b"：页眉、页脚和内容均为黑色背景色，文字的颜色为白色。

data – theme = "c"：与 data – theme = "a"类似，不同的是，页眉、页脚的背景色为白色。

主题样式不仅可以应用在页面上，也可以单独应用到页面的页眉、内容、页脚、导航栏、按钮、面板、列表和表单等元素上。

### 任务描述

页面的页眉、页脚、图标按钮以及可折叠块等元素使用 jQuery Mobile 主题样式进行修饰。网页效果如图 9 – 30 所示。

### 任务实施

应用 jQuery Mobile 主题样式：

在 Web 站点目录 ch09 文件夹下创建 HTML5 网页 demo9 – 5. html，通过设置 data – theme 属性对页面元素定义 jQuery Mobile 主题样式。HTML 代码如下：

图 9 – 30　介绍页主题样式

```
        < div data - role = "page" >
          < div data - role = "header" data - theme = "b" >
           < a href = "#" data - role = "button" data - icon = "home" data - theme = "a" > 首页
</a >
          < h1 >精彩冬奥会 </h1 >
```

```
            < a href = "#" data - role = "button" data - icon = "search" data - theme = "a" >
搜索 </a>
        </div>
        < div data - role = "content" data - theme = "a" >
        < h3 style = "text - align:center;" >2022 年北京冬季奥运会介绍 </h3>
        <p>北京冬季奥运会设 7 个大项,15 个分项,109 个小项。北京将主办冰上 10 项目,张家口
将主办雪上项目,延庆协办张家口举办雪上项目。</p>
            < div data - role = "collapsible" data - iconpos = "right" data - mini = "true"
                data - content - theme = "c" >
            < h2 >精彩瞬间 </h2>
            <p>"冰立方"智慧观赛技术 将冰壶赛道"立"起来 </p>
            <p>留存冬奥瞬间 用镜头讲好中国奥运故事 </p>
            </div>
        </div>
    < div data - role = "footer" data - theme = "c" >
        < h4 >北京欢迎你 </h4>
    </div>
</div>
```

## 任务解析

在上述代码中，属性 data – role = "header" 的页面头部 div 标签定义主题 data – theme = "b"，样式为黑色背景色，白色文字。属性 data – role = "content" 的页面主体内容的 div 标签定义主题 data – theme = "a"，样式为白色背景色，黑色文字。属性 data – role = "footer" 的页面尾部 div 标签定义主题 data – theme = "c"，样式为白色背景色，黑色文字，黑色边框。属性 data – role = "collapsible" 的 div 可折叠块主题样式属性 data – content – theme = "c"，样式为白色背景色，黑色文字，黑色边框。

### 素质课堂——培养创新思维与实践能力

在当今时代，移动互联网技术的快速发展为社会带来了无限的可能性，也对我们提出了更高的要求。在这样的背景下，jQuery Mobile 主题设计不仅是一项技术挑战，更是培养学生创新思维与实践能力的绝佳机会。通过 jQuery Mobile 主题设计，可以发挥自己的想象力，打破传统束缚，创造出新颖、独特的界面设计和交互体验。这不仅可以锻炼创新思维，还可以深刻体会到技术与艺术的完美结合。

### 任务9.6　冬奥会页面事件应用

事件给页面带来了"灵魂"，使页面具有动态性和响应性，jQuery Mobile 提供了针对移动端各种浏览器事件，包括页面事件、触摸事件、滚屏事件、方向事件等，本任务为冬奥网站页面添加事件，制作交互页面。

使用 jQuery Mobile 事件的方法是使用 on() 方法指定要触发的时间，并设定事件处理函数。语法格式为：

```
$(document).on(事件名称,选择器,事件处理函数)
```

其中，"选择器"为可选参数，如果省略该参数，表示事件应用于整个页面而不限定于哪个组件。

**任务活动1　介绍页添加页面初始化事件**

**知识链接**

页面初始化事件包括页面初始化前事件 pagebeforecreate、页面已创建事件 pagecreate、页面已初始化事件 pageinit，见表9-8。

9.6.1　jQuery Mobile 页面事件

表9-8　页面初始化事件

| 事件 | 描述 |
| --- | --- |
| pagebeforecreate | 在页面即将初始化，并且 jQuery Mobile 开始增强页面之前，触发该事件 |
| pagecreate | 在页面已创建，但增强完成之前，触发该事件 |
| pageinit | 在页面已初始化，并且 jQuery Mobile 已完成页面增强之后，触发该事件 |

**任务描述**

为冬奥介绍页面分别添加页面初始化事件 pagebeforecreate、pagecreate、pageinit。网页效果如图9-31所示。

**任务实施**

**1. 打开冬奥会介绍页**

在 Web 站点目录 ch09 文件夹下打开冬奥会介绍页 demo9-3-1.html 网页，另存网页为 demo9-6-1.html。

**2. 定义 jQuery Mobile 页面初始化事件**

在 demo9-6-1.html 页面中，添加 pagebeforecreate、pagecreate、pageinit 页面初始化事

（a）　　　　　　　　　（b）　　　　　　　　　（c）

图 9 - 31　介绍页页面初始化事件网页效果

件。代码如下：

```
$(document).on("pagebeforecreate",function(){alert("欢迎登录精彩冬奥会网
站");});
$(document).on("pagecreate",function(){alert("即将开启精彩的赛事");});
$(document).on("pageinit",function(){alert("准备好了吗,北京欢迎你!");});
```

**任务解析**

　　运行 demo9 - 6 - 1. html 页面时，触发上述代码中的 pagebeforecreate 页面初始化前事件，弹出"欢迎登录精彩冬奥会网站"。单击 alert 警告窗口中的"确定"按钮，触发 pagecreate 页面初始化事件，再次弹出"即将开启精彩的赛事"。单击 alert 警告窗口中的"确定"按钮，触发 pageinit 页面初始化后事件，弹出"准备好了吗，北京欢迎你!"。

**素质课堂——培养有效沟通能力**

　　在制作页面时，要遵循交互设计的易于呈现原则。不是所有的目标受众都了解基础的界面单击操作或者功能逻辑，所以，在与用户交互时，要尽可能保持设计时简单易懂。例如，熟悉的"2S"原则，等待产品响应操作的可接受时间为 2 s 左右。超过这个时间，用户可能会对自己的操作感到困惑。每一步操作都能及时反馈，每一次的单击有头有尾。如果目标受众的每一次操作都需要很长的时间来思考，应该反思设计的产品是否真的好用。

易于呈现原则要求设计师需要通过用户研究、信息架构和视觉设计等手段，确保页面信息的层次结构和呈现方式符合用户的认知习惯，以确保用户能够轻松获取所需内容。这种清晰传达与有效沟通的能力，不仅有助于提升用户体验，也体现了对用户的尊重和关心。

## 任务活动 2　开幕式页面添加过渡事件

### 知识链接

在 jQuery Mobile 中，从当前页面过渡到下一页时，会触发表 9-9 所列的事件。

表 9-9　页面过渡事件

| 事件 | 描述 |
| --- | --- |
| pagebeforeshow | 页面被显示过渡动画开始前触发 |
| pageshow | 页面被显示过渡动画完成后触发 |
| pagebeforehide | 页面被隐藏过渡动画开始前触发 |
| pagehide | 页面被隐藏过渡动画完成后触发 |

### 任务描述

在冬奥会开幕式的介绍页和三大主题页中添加 pagebeforeshow、pageshow、pagebefore-hide、pagehide 页面过渡事件，网页效果如图 9-32 所示。

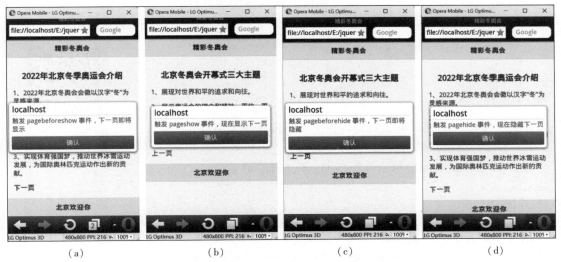

（a）         （b）         （c）         （d）

图 9 - 32  介绍页过渡事件网页效果

### 任务实施

**1. 打开冬奥介绍页**

在 Web 站点目录 ch09 文件夹下打开冬奥介绍页 demo9 - 3 - 1. html 网页，另存网页为 demo9 - 6 - 2. html。

**2. 定义 jQuery Mobile 页面过渡事件**

在 demo9 - 6 - 2. html 页面中，给冬奥介绍页和三大主题页添加 pagebeforeshow、pageshow、pagebeforehide、pagehide 页面过渡事件。代码如下：

```
$(document).on("pagebeforeshow","#second",function(){
    alert("触发 pagebeforeshow 事件,下一页即将显示");});
$(document).on("pageshow","#second",function(){
    alert("触发 pageshow 事件,现在显示下一页");});
$(document).on("pagebeforehide","#second",function(){
    alert("触发 pagebeforehide 事件,下一页即将隐藏");});
$(document).on("pagehide","#second",function(){
    alert("触发 pagehide 事件,现在隐藏下一页");});
```

### 任务解析

运行 demo9 - 6 - 2. html 页面，单击"下一页"按钮时，过渡动画开始前触发 pagebeforeshow 事件，网页效果如图 9 - 32（a）所示。单击"确定"按钮后，显示下一页即第 2 个页面，在过渡动画完成后触发 pageshow 事件，网页效果如图 9 - 32（b）所示。单击"上一页"按钮时，页面被隐藏过渡动画开始前触发 pagebeforehide 事件，网页效果如图 9 - 32

（c）所示。单击"确定"按钮，页面被隐藏过渡动画完成后触发 pagehide 事件，第 1 页加载显示，网页效果如图 9 – 32（d）所示。

**任务活动 3** 赛事页添加单击事件

9. 6. 2　jQuery
Mobile 触摸事件

### 知识链接

jQuery Mobile 为移动端浏览器提供了以下两种单击事件：

tap 事件：当用户单击页面元素时触发。

taphold 事件：当用户单击并保持 1 s 不松开时触发。

### 任务描述

为冬奥会赛事页的"更多"文字添加 tap 触摸事件，单击"更多"时，文字变红；为弹出对话框页的图片添加 taphold 触摸事件，当单击图片保持 1 s 以上时，隐藏图片。网页效果如图 9 – 33 所示。

图 9 – 33　赛事页添加单击事件网页效果

### 任务实施

**1. 打开冬奥会赛事页面**

在 Web 站点目录 ch09 文件夹下打开冬奥会赛事页面 demo9 – 3 – 4. html 网页，另存网页为 demo9 – 6 – 3. html。

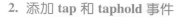

**2. 添加 tap 和 taphold 事件**

为 demo9 – 6 – 3. html 中"更多"文字添加 tap 和 taphold 事件。Script 代码如下：

```
$(".m1").on("tap",function(){
        $(this).css("color","red")});
   $("img").on("taphold",function(){
        $(this).hide();});
```

**任务解析**

在上述代码中，定义了"2022 年北京冬季奥运会赛事文化"首页中"更多"文字移动端浏览器的 tap 事件。当触击"更多"文字时，弹出 id 为"second"的对话框页面，"更多"文字颜色变红。

接着使用 on 事件绑定 img 标签滑动事件 taphold，当"会徽""吉祥物""火炬""奖牌"弹出对话框页面的图片触摸 1 s 以上时，触发 taphold 事件，img 标签触发 hide() 方法，隐藏图片。

**任务活动 4　三大主题页添加滑动事件**

**知识链接**

jQuery Mobile 为移动端浏览器提供了以下 3 种滑动事件：

swipe 事件：在用户 1 s 内水平拖曳元素大于 30 px，或者纵向拖曳元素小于 20 px 的事件发生时触发。

swipeleft 事件：用户向左水平拖曳元素大于 30 px 时触发。

swiperight 事件：用户向右水平拖曳元素大于 30 px 时触发。

**任务描述**

为冬奥三大主题页的 3 个 p 段落元素添加 swipe、swipeleft、swiperight 滑动事件，事件触发完成后，为 span 标签添加文字，提示滑动方向，网页效果如图 9 – 34 所示。

**任务实施**

（1）打开冬奥会三大主题页。

在 Web 站点目录 ch09 文件夹下打开冬奥三大主题页 demo9 – 3 – 1. html，另存网页为 demo9 – 6 – 4. html，并给 3 个 p 段落元素定义 id 名，分别为"p1""p2"和"p3"，然后在 3 个 p 段落元素后插入 1 个 p 段落元素，插入 p 元素。代码如下：

```
<p><span style="color:red"></span></p>
```

（2）添加 swipe、swipeleft、swiperight 滑动事件。

（3）为 p 段落元素分别添加 swipe、swipeleft、swiperight 滑动事件。Script 代码如下：

图 9 - 34　三大主题页滑动事件网页效果

```
$(document).on("pagecreate","#second",function(){
    $("#p1").on("swipe",function(){
        $("span").text("滑动检测!");});
    $("#p2").on("swipeleft",function(){
        $("span").text("您向左滑动!");});
    $("#p3").on("swiperight",function(){
        $("span").text("您向右滑动!");});});
```

（任务解析）

在上述代码中，使用 on 事件绑定 id 为 "p1" 的 swipe 事件，表示在该段落上水平滑动 30 px 时，span 标签文本内容显示为 "滑动检测"。定义 id 为 "p2" 的 swipeleft 事件，表示在该段落上向左水平滑动 30 px 时，span 标签文本内容显示为 "您向左滑动!"。定义 id 为 "p3" 的 swiperight 事件，表示在该段落上向右水平滑动 30 px 时，span 标签文本内容显示为 "您向右滑动!"。

任务活动 5　栏目页添加滚屏事件

（知识链接）

jQuery Mobile 提供了两种滚屏事件，分别是滚屏开始时触发的 scrollstart 事件和滚动结束时触发的 scrollstop 事件。

9.6.3　jQuery Mobile 滚屏事件

**任务描述**

为冬奥会栏目页添加 jQuery Mobile 滚屏事件，显示滚动距离值，网页效果如图 9 – 35 所示。

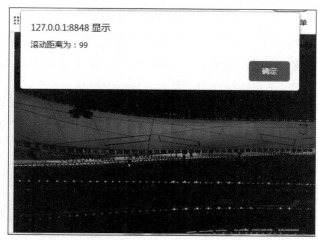

图 9 – 35　栏目页添加滚屏事件网页效果

**任务实施**

**1. 打开冬奥栏目页**

在 Web 站点目录 ch09 文件夹下打开冬奥栏目页 demo9 – 3 – 7. html 网页，另存网页为 demo9 – 6 – 5. html。

**2. 添加 scroll 事件**

在 demo9 – 3 – 7. html 页面添加 scrollstart 和 scrollstop 事件。Script 代码如下：

```
var height = 0;
  $(document).on("pageinit",function(){
      $(document).on("scrollstart",function(){
          height = $(document).scrollTop();});
      $(document).on("scrollstop",function(){
          height = $(document).scrollTop() - height;
          var str = "滚动距离为:" + height;
          alert(str);});});
```

**任务解析**

在上述代码中，使用 on 事件绑定 pageinit 页面初始化事件，该事件在页面初始化后及 jQuery Mobile 已完成对页面内容的增强后触发。使用 on 事件绑定 scrollstart 页面滚动事件，在页面滚动开始时触发，通过 scrollTop( ) 获取页面滚动前距离浏览器顶部的高度。使用 on 事件绑定 scrollstop 页面滚动事件，在页面滚动结束时触发，弹窗显示页面垂直滚动距离。

**任务活动6** 栏目页添加方向事件

知识链接

jQuery Mobile 的方向事件是 orientationchange 事件，该事件在用户垂直或水平旋转移动端设备时被触发。

由于 orientationchange 事件与 window 对象绑定，可以使用 window. orientation 属性来得知屏幕的当前方向。如果属性值是 portrait，为垂直视图；landscape，为水平视图。示例代码为：

```
$(window).on("orientationchange",function(event){
    alert("设备的方向改变为" + event.orientation);})
```

event 对象用来接收 orientation 属性值，event. orientation 返回屏幕的当前方向，如果是横向视图，返回值为 landscape；如果是纵向视图，返回值为 portrait。

任务描述

为冬奥栏目页添加 jQuery Mobile 的方向事件 orientationchange，当用户垂直或水平旋转移动端设备时，span 标签提示当前方向模式。网页效果如图 9 – 36 所示。

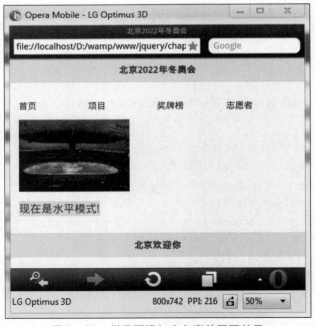

图 9 – 36　栏目页添加方向事件网页效果

## 任务实施

**1.** 打开冬奥栏目页面

在 Web 站点目录 ch09 文件夹下打开冬奥栏目页 demo9 – 3 – 7. html 网页，另存网页为 demo9 – 6 – 6. html。

**2.** 添加 orientationchange 方向事件

在 demo9 – 6 – 6. html 页面添加 orientationchange 方向事件，当用户旋转移动端设备时，页面 span 标签显示当前方向模式。Script 代码如下：

```
$(document).on("pageinit",function(event){
    $(window).on("orientationchange",function(event){
        if(event.orientation == "landscape")
            $("#orientation").text("现在是水平模式!")
                .css({"background-color":"yellow","font-size":"20px"});
                if(event.orientation == "portrait")
                    $("#orientation").text("现在是垂直模式!")
                        .css({"background-color":"green","font-size":
"20px"});});});})
```

## 任务解析

在上述代码中，使用 on 事件绑定，当页面初始化后及 jQuery Mobile 已完成对页面内容的增强后触发 pageinit 事件。接着给 window 浏览器对象绑定 orientationchange 方向事件，当旋转移动端设备时，通过 event. orientation 获取屏幕的当前方向。当 event. orientation 等于 "portrai" 时，屏幕为垂直方向；当 event. orientation 等于 "landscape" 时，屏幕为水平方向。根据 if 条件的判断，设置 id 为 "orientation" 的 span 标签文本内容，显示屏幕当前方向，并设置文本不同背影颜色。

## 任务 9.7　1+X 实战案例——制作冬奥会移动端网站

9. 7　jQuery Mobile
实战案例

## 任务描述

以北京 2022 年冬奥会为主题制作移动端网站页面，包括首页、详情页面，通过手指点按相应的文字，即可进入详情页，网页效果如图 9 – 37 所示。

## 任务实施

**1.** 创建北京冬季奥运会首页页面

在 Web 站点目录 ch09 文件夹下创建 demo9 – 7 文件夹，在该文件夹下创建 HTML5 网页

图 9-37　冬奥会网站页面效果

index. html，在 index. html 中插入标签，创建北京冬奥会首页页面和"开幕式""精彩瞬间"
"闭幕式" 3 个详情子页面。HTML 代码如下：

```
< div data - role = "page" id = "home" >
        < div data - role = "header" data - position = "fixed" >
            < h1 >北京冬奥会 < /h1 >
        < /div >
        < div data - role = "content" >
            < img src = "images/5. jpg" width = "100% " >
            < a href = "#story" data - rel = "dialog" data - role = "button" data -
icon = "arrow - r" >开幕式 < /a >
            < a href = "#role" data - role = "button" data - icon = "arrow - r" >精彩瞬
间 < /a >
            < a href = "closing. html" rel = "external" data - role = "button" data -
icon = "arrow - r" >闭幕式 < /a >
        < /div >
    < /div >
    < div data - role = "page" id = "story" >
        < div data - role = "header" >
            < h1 >开幕式 < /h1 >
        < /div >
        < div data - role = "content" >
            < h3 >以二十四节气作为倒计时彰显中国风 < /h3 >
            < p >20 时整,开幕式倒计时表演在中国传统历法的时光轮转中开篇,大屏幕上依次闪
现二十四节气,全场观众随着数字变换齐声呼喊。 < /p >
            < img src = "images/1. jpg" style = "width:100% ;"/>
            < h3 >倒计时前表演寓意万物生长新的开始 < /h3 >
            < p >开幕式第一个节目是《立春》。393 名来自武校的年轻人,每人手持一根长 9. 5 米
的发光杆,通过矩阵表演,表现绿草丛生、春暖花开,在诗意和温暖中,蒲公英吹散,将种子播撒于世间,空中亮
起灿烂的春天焰火。 < /p >
```

```
            < img src = "images/2. jpg" style = "width:100% ;"/>
            < h3 >一起向未来中华人民共和国国旗入场 </h3>
            < p >中华人民共和国国旗在 12 名儿童手中展开,他们将中国国旗传递给 100 多名代
表。中国国旗在代表中手手相传。这种方式,表达了中国人民对中国的赤子之心。 </p>
            < img src = "images/3. jpg" style = "width:100% ;"/>
            < h3 >晶莹剔透的冰雪五环浪漫唯美的雪花火炬台 </h3>
            < p >　中华人民共和国国家体育馆内水墨滴落,瞬间幻化成一幅气势磅礴的中国画。
画中奔腾汹涌的景象,犹如"黄河之水天上来"。滚滚波涛中,孕育着对冰雪的期盼,对未来的希望。 </p>
            < img src = "images/4. jpg" style = "width:100% ;"/>
            < p > < a href = "#home" >上一页 </a> </p>
        </div>
    </div>
    < div data - role = "page" id = "role">
        < div data - role = "header" >
            < h1 >精彩瞬间 </h1>
        </div>
        < div data - role = "content" >
            < img id = "roleimg" src = "images/6. jpg" width = "100%" >
            < p id = "rolemsg" >在拿下北京冬奥会自由式滑雪女子 U 形场地技巧决赛冠军后,
谷爱凌参加赛后新闻发布会,谈到了她的努力,她认为自己的天赋最多只能占 1% ,其他 99% 都来自自己的
努力。 </p>
        </div>
        < div data - role = "footer" data - position = "fixed" >
            < div data - role = "navbar" >
                < ul >
                    < li > < a href = "#home" class = "ui - btn - active ui - state
- persist" >首页 </a> </li>
                        < li > < a href = "javascript:prev();" >上一个 </a> </li>
                        < li > < a href = "javascript:next();" >下一个 </a> </li>
                    </ul>
            </div>
        </div>
    </div>
</div>
```

通过 data – role = "page"定义了 id 为"home"的北京冬奥会首页页面,该页面主体内容为"开幕式""精彩瞬间""奖牌榜"3 个按钮,3 个按钮分别链接到不同子页面。"开幕式"按钮链接到 id 为"story"的子页面。"精彩瞬间"链接到 id 为"role"的子页面,"精彩瞬间"子页面尾部内容定义了"首页""上一个"和"下一个"按钮的链接内容。"首页"按钮链接到 id 为"home"的网站首页面,"上一个"按钮链接到 JS 定义的 prev( ) 函数,"下一个"按钮链接到 JS 定义的 next( ) 函数。

### 2. 创建"闭幕式"子页面

在 Web 站点目录 demo9 – 7 文件夹下创建 HTML5 网页 closing. html, 在 closing. html 中插

入标签，创建"闭幕式"子页面。HTML 代码如下：

```
< div data - role = "page" id = "first" >
      < div data - role = "header" >
            < h1 >闭幕式 < /h1 >
      < /div >
      < div data - role = "content" >
            < img src = "images/9. jpg" width = "290px" >
            < p >   第二十四届冬季奥林匹克运动会闭幕式 2 月 20 日晚在国家体育场隆重举行。
五环旗下，来自 91 个国家和地区的近 3000 名运动员奋力拼搏、挑战极限、超越自我，刷新了 2 项世界纪录和
17 项冬奥会纪录，奏响"更快、更高、更强——更团结"的华彩乐章。中国代表团以 9 金 4 银 2 铜刷新了单届
冬奥会获金牌数和奖牌数两项纪录，名列金牌榜第 3 位，创造了自1980 年参加冬奥会以来的历史最好成绩。
            < /p >
            < a href = "index. html" data - role = "button" rel = "external" >首页 < /a >
      < /div >
< /div >
```

当单击北京冬奥会首页"闭幕式"按钮时，链接到外部文件"closing. html"，即打开
"闭幕式"子页面。单击"闭幕式"子页面的"首页"按钮时，页面跳转至网站首页 in-
dex. html 页面。

**3.** 设置"闭幕式"段落样式

为 closing. html "闭幕式"子页面设置段落字体样式。CSS 代码如下：

```
p{font - size:14px}
```

**4.** 定义 **prev**( ) 和 **next**( ) 函数

在 index. html 页面中定义"上一个"按钮和"下一个"按钮执行的 JS 函数。Script 代
码如下：

```
var i =0;
  var img = new Array("images/6. jpg","images/7. jpg","images/8. jpg");
  var msg = new Array("在拿下北京冬奥会自由式滑雪女子 U 形场地技巧决赛冠军后，谷爱凌参加
赛后新闻发布会，谈到了她的努力，她认为自己的天赋最多只能占1% ，其他 99% 都来自自己的努力。",
      "北京冬奥会中国队拿下两金一银一铜，和荷兰短道速滑队并列奖牌榜第二位。中国队包揽了男
子1000 米项目的金银牌，并在优势项目混合团体接力上取得冠军。",
      "从 2007 年 4 月初次相见到成为今天花样滑冰赛场上心有灵犀的搭档，从平昌冬奥会摘银的失
落到北京冬奥会备战的压力，终于在北京冬奥会上背水一战，以高难度动作战胜了俄罗斯组合，夺得中国代
表团的第 9 金。");
  function prev(){//"上一个"按钮执行函数
      i -- ;
      if(i < 0){i = 2;}
      $("#roleimg"). attr("src",img[i]);
      $("#rolemsg"). text(msg[i]);}
```

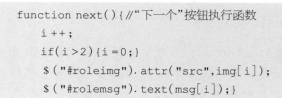

```
function next(){//"下一个"按钮执行函数
    i++;
    if(i>2){i=0;}
    $("#roleimg").attr("src",img[i]);
    $("#rolemsg").text(msg[i]);}
```

## 任务解析

在上述代码中，精彩瞬间子页面的"上一个"按钮执行 prev( ) 函数，每单击一次"上一个"按钮，i 自减 1，id 为"roleimg"的 img 标签的 src 属性值为数组 img[i] 保存的页面图片路径，函数功能实现显示上一个图片；同时，id 为"rolemsg"的 p 标签的 text 属性值为数组 msg[i] 保存的文本内容。当显示数组 img[0] 的图片时，p 标签文本内容为数组 msg[0] 的文本内容，每次单击按钮时，数组下标 i 自减 1，这时就能看到页面图片和文字同时变化。当 i<0 时，i 要重新赋值。

精彩瞬间子页面的"下一个"按钮执行 next( ) 函数，每单击一次"下一个"按钮，i 自增 1，id 为"roleimg"的 img 标签的 src 属性值为数组 img[i] 保存的页面图片路径，函数功能实现显示下一个图片；同时，id 为"rolemsg"的 p 标签的 text 属性值为数组 msg[i] 保存的文本内容。当显示数组 img[0] 的图片时，p 标签文本内容为数组 msg[0] 的文本内容，每次单击按钮，数组下标 i 自增 1，这时就能看到页面图片和文字同时变化。当 i 大于数组下标时，i 要重新赋值。

### 素质课堂——培养团队协作能力

在实际生产中，软件开发的过程是复杂的，而团队方式可以使其简单许多，现在比较流行的是敏捷开发模式。敏捷开发是以用户需求为导向，需求进化为核心，采用迭代、逐步完善的方式进行软件开发。敏捷开发人员应具备的技能中，包括以客户为中心，了解他们的需求，并通过可操作的反馈来验证成功。学习使用用户角色、客户旅程地图、深度访谈和可用性测试这些工具和方法来理解客户。这也是成为优秀程序员所需具备的核心职业素养。

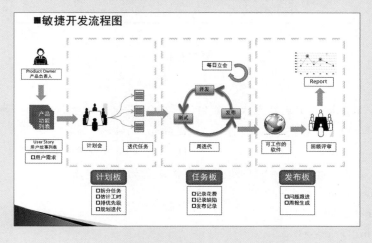

## 【项目小结】

jQuery Mobile 作为专为移动设备设计的 JavaScript 库，为开发者提供了一套全面且易于使用的工具集，使开发者能够更加高效地创建和优化移动 Web 应用。通过精彩冬奥移动端页面制作任务的学习，熟悉 jQuery Mobile 提供的各种 API 和组件，包括页面导航、表单处理、对话框、列表视图等。利用这些工具和组件可以更加高效地构建移动 Web 应用，并提供了丰富的功能和用户体验。通过冬奥会页面事件应用任务的学习，掌握 jQuery Mobile 提供的触摸事件处理功能，学习如何处理用户的触摸操作，如滑动、单击、长按、滚屏等。

通过本项目的实践，掌握 jQuery Mobile 的基本知识和技术，学会如何将其应用于实际的移动 Web 开发项目中，为移动 Web 应用实现更加自然和直观的交互体验。这些内容的学习为读者打下了坚实的移动 Web 开发基础。

## 项目测评

根据课堂学习情况和项目任务完成情况，进行评价打分。

| 项目名称 | jQuery Mobile 框架移动开发 | 姓名 | | 学号 | | | |
|---|---|---|---|---|---|---|---|
| 测评内容 | | 测评标准 | | 分值 | 自评 | 组评 | 师评 |
| 搭建 jQuery Mobile 开发和运行环境 | | 能使用移动设备模拟器调试移动页面 | | 10 | | | |
| 移动端页面制作 | | 能熟练使用对话框、图标、导航栏、滑板、可折叠块和列表视图等组件 | | 50 | | | |
| 表单制作 | | 能熟练使用选择菜单和范围滑块等表单控件 | | 10 | | | |
| 设置主题样式 | | 能使用主题样式设计页面 | | 10 | | | |
| 页面事件应用 | | 能使用触摸事件和方向事件设置页面交互方式 | | 20 | | | |

## 【练习园地】

一、单选题

1. 在 jQuery Mobile 弹出框的元素上使用（      ）属性，单击该元素，弹出框会关闭。

A. data－rel = "back"　　　　　　　　B. data－rel = "close"

C. data－rel = "home"　　　　　　　　D. data－rel = "off"

2. （      ）是 jQuery Mobile 中 Grid 布局容器正确的使用方法。

A. data－role = "ui－grid－a"

B. class = "ui－block－a"

C. class = "ui－grid－a"

D. data－role = "ui－block－a"

3. 关于 jQuery Mobile 中 page 页的说法，正确的是（　　　）。

A. 在一个 html 文件中可以有多个 page

B. 在屏幕中可以显示多个 page

C. 在 html 文件中，page 可有可无

D. 可以使用 main 替代 page

二、操作题

使用 jQuery Mobile 框架中开发移动端漫谷连锁酒店订购系统，实现线上房间预定。网站包括立即预定页、连锁分店页、我的订单页和关于漫谷页，页面效果如图 9 - 38 所示。

（a）

（b）

（c）

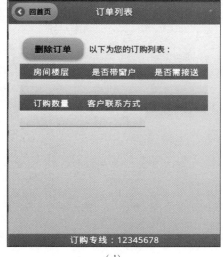
（d）

图 9 - 38　页面效果

（a）网站首页效果；（b）立即预定页效果；（c）连锁分店页效果；（d）我的订单页效果

（e）

图 9 – 38　页面效果（续）

（e）关于漫谷页效果

# 参 考 文 献

［1］黑马程序员.jQuery 前端开发实战教程［M］.北京：中国铁道出版社，2018.

［2］邵山欢.jQuery 和 Ajax 实战教程［M］.北京：高等教育出版社，2019.

［3］刘春茂.jQuery Mobile 移动开发（全案例微课版）［M］.北京：清华大学出版社，2021.